すべては一人から始まった

威張るべからず、焦るべからず

岡田晴彦

発行：ダイヤモンド・ビジネス企画　発売：ダイヤモンド社

はじめに

本書は、世界一二カ国一四カ所に製造拠点を持ち、七〇〇〇名の社員たちが働く売上総額五〇〇〇億円を誇るサンエースグループ（SUN ACE Group）の創業者・吉田利夫の軌跡を辿る書籍である。

一九九〇年九月。

海外進出の第一歩となったシンガポール法人の設立一〇周年パーティーが、サンエース（SUN ACE）創業者・吉田利夫が参加する中で開催された。すでに八四歳という高齢をおして出席した利夫は、従業員とその家族約二〇〇〇名を前に、原稿を手にすることなく一人ひとりの顔を見ながら、自らの思いを次のように語った。

「シンガポールは我社にとり初めての海外拠点であり、採算が取れるまでに随分と手間取ってしまった。皆にも苦労を掛けて申し訳なく思う。しかし、経験豊かなチャールズ・ビール氏と巡り合う機会を得て、仕事は着実に成長軌道に乗りつつある。彼を師として迎えられたことは（孫であり後継者でもある佐々木）亮にとり、そして我社とっ

吉田利夫（よしだ・としお）　1906〜1993年、品川化工（現・SUN ACE）創業者。
世界12カ国（アジア、オセアニア、中東、アフリカ、ヨーロッパ、南米）に製造拠点14カ所、営業拠点7カ所を構え、グループ全体の売上規模は500億円。社員数は30カ国籍からなる700名を誇るサンエースグループ（SUN ACE Group）の礎を築いた。

ても誠に幸運であった。私は彼を天からの贈り物であると思っている」

激動のビジネス人生を送る中、利夫は人との出会いを大切にし、誠実に関係を築いてゆこうとする人物となっていた。それは、相互に信頼し、国籍や意見の違いを乗り越えて、共に働くことができる力を有するサンエース文化へと昇華していった。

サンエースを創業し、グローバルカンパニーへと築き上げた吉田利夫の生涯を振り返りながら、サンエースの源流を辿っていこう。

二〇二五年三月　岡田晴彦

目次

第3章　世界へ――大いなる決断……57

第１章　産業が拡大する大正から昭和の中で

一四歳での旅立ち

岩手県のほぼ中央を真っ直ぐ緩やかに南下する北上川は、東北最大の川である。岩手県を抜け宮城県の登米《とめ》市に入り、やがて石巻市から太平洋に注ぐ、全長二四九kmに及ぶ一級河川である。

岩手県から宮城県に入った県境の町・登米市に、北上川で獲れるうなぎで有名な「東海亭」という割烹がある。創業は一八七五（明治八）年。北上川の岸辺に立つ大きな二階家の老舗で、地元では結婚式などハレの日の集まりなどにも利用されてきた。近年では遠方各地からの来客も多く、予約なしでは入れないほどの繁盛店として有名である。

サンエースの創業者・吉田利夫は、東海亭の三代目としての期待を背負って一九〇六（明治三九）年一〇月一〇日、二代目当主の父・利助、母・とくの長男として誕生した。長女・久子に次いで、八男二女、一〇人きょうだいの二番目であった。

後年、七六歳を前にした利夫は、思い立ったようにして半生の備忘録を書き残している。

そこには、三歳のときに鍼で経穴を刺激する皮膚鍼療法を施術されたこと、五歳で祖

北上川の老舗として知られる「東海亭」（現・うなぎの東海亭）の長男として生まれた利夫。今も伝えられている兄弟たちとの記念撮影。のちに医師をはじめ社会に貢献する有為な人材が、利夫の支援によって生まれていく。

左：往時の北上川、右：母・とく。

母と行った観劇のこと、キリスト教の日曜学校に行った帰りに姉の久子に背負われて帰ってきたことなど、幼少期の思い出が記されている。その後も、鼻の病気で仙台に手術を受けに行ったときのことや、マラリアに感染したことなども書かれており、決して健康な幼少期だったとはいえないようだ。

明治から昭和初期にかけての日本には、マラリア原虫を媒介するメスの羽斑蚊《はまだらか》が生息しており、多くの罹患者を生んでいた。利夫は成人してからも、ときおり原因不明の熱と震えに襲われたことがあったが、幼少期のマラリア感染が原因かもしれない。それもあってか、後年は健康維持には人一倍気を使っていた。尋常小学校に上がると、利夫は出前の容器の回収など、家業のうなぎ割烹の手伝いもよくしていた。頑健とはいいがたいが、向学心に溢れた、独立心や責任感の強い子どもであった。

ただ、おかもちを持って器を回収する行き帰りの道で、同級生や知り合いなどと会うことを、たまらなく恥ずかしく感じていたようだ。多感な少年にとって、そのような思いは想像に難くない。

当時は、まだまだ家父長制の意識が強い時代であった。当然のように、店を継ぐのは長男の利夫だと誰もが思っていた。しかし、高等小学校に進み思春期を迎えた利夫の心には、そうした「決められたもの」への反発心が芽生えていたようだ。

時代は各種産業が勃興する一方で、日露戦争後に花開いた自由の気風漂う大正時代。首都東京は向学心に燃える若い心を引き付ける魅力に溢れていた。東京で新しい知識を得たい、大きな仕事を成し遂げたいという想いが日に日に強まっていったのであった。

そして、高等小学校を卒業した一九二一（大正一〇）年、一五歳の誕生日を迎える前に利夫は上京を決意する。そのとき母・とくが、なけなしのお金を持たせてくれたという。利夫は、母の心遣いのありがたみを、終生忘れることはなかった。晩年の利夫が、母のことを懐かしそうに話すのを、多くの身内が耳にしている。

父の反対を押し切っての上京だったが、家族との関係を断つことはなかった。長男として兄弟姉妹たちのことを気にかけ、特に弟たちの面倒はよくみていた。父・利助も、長男の想いを心ひそかに応援していたに違いない。ただ、当時の世間体から考えると、家業を継がない長男を手放しで応援するわけにはいかなかったのだろう。

後に利夫が、ある程度の生活基盤を築き上げると、郷里の母は長男の成功を誇らしく思い、「学校出たら、みな〝とっちゃん〟＝利夫のとこさ行け」と言って、次々と息子たちを東京に送り出した。

往時の東海亭の姿。

120年間の役割を終えた土蔵を再生した「うなぎの東海亭」。北上川とともに長い年月を過ごした空間でいただく絶品のうなぎ料理は過去と未来の融合を感じられる。

現在も利夫の妹夫婦、さらに、その子孫によって老舗の暖簾が守られ、名店として知られている。

■うなぎの東海亭

宮城県登米市登米町寺池九日町46

TEL：0220-52-2023

一方の利夫は、上京する弟たちを、全員大学を卒業するまで援助し続け、社会に送り出していった。家業である東海亭は、末妹の節子が料理人の正夫を婿養子に迎えて後を継ぎ、今日に至っている。

関東大震災を乗り越えて

登米高等小学校を卒業した後、一五歳を迎える年に上京した利夫は、電話局の給仕や書生をしながら、新しい知識を求めて東京商業学校（現・一橋大学）の夜学に通っていた。

東京生活が二年目を迎えた一九二三（大正一二）年九月一日一一時五八分。首都・東京を中心とした南関東を大地震が襲った。関東大震災である。

ちょうど昼食の支度の時間で、多くの家で火が使われていたため各地で火の手が上がった。折からの強風によって撒き散らされた火の粉による延焼で、火災は三日間も続いたという。地震で全壊した家屋は約一〇万九〇〇〇棟、全焼は約二一万二〇〇〇棟と記録されている。一九〇万人が被災し、一〇万人を超える死者を出すなど甚大な被害が生じた。大都市の東京が一瞬にして瓦礫の山と化したことは、二〇歳前の多感な利夫には大きな衝撃であった。その精神的なダメージも手伝って、過労と栄養状態の悪化から体調を崩し、宮城に一時帰省することとなる。

病気療養を続けた後、利夫は仙台商業学校（現・仙台商業高等学校）の四年に編入する。そのとき初めて英語の授業を受け、大いに苦労したそうだ。後年、利夫は七〇歳を超えて海外進出を決意するが、英語教材と格闘しながら発音練習をする姿を、家族はたびたび目にしている。先の備忘録には、「五年進級時、落第八名あり、辛くもビリより二番にて進学」とある。どうにも英語が苦手だったようだ。

その後、再び上京して働きながら大学入学をめざし、横浜商業専門学校（現・横浜市立大学）に入学する。

利夫は、苦労を重ねながらも、向学の意志を貫き無事に卒業を果たす。同窓にはシウマイで有名な横浜の崎陽軒の創業者である久保久行の孫、久保健がいたという。

森コンツェルン総裁・森矗昶との出会い

横浜商業専門学校を卒業した利夫は、一九二九（昭和四）年、設立されたばかりの化

森 矗昶（もり のぶてる）
1884（明治17）年、千葉県勝浦市生まれ。日本の実業家、森コンツェルンの創設者、衆議院議員。
少年時代からの実学で知識と技術を体得し、時にヤマカンともよばれる事業に対する嗅覚によって化学工業の先達となったたたき上げの実業家。

利夫の最初の就職先である昭和肥料の当時の様子を伝える写真。

学肥料メーカーの昭和肥料株式会社（後の昭和電工、現・レゾナック・ホールディングス）に入社する。二二歳だった。

資材部に配属された利夫は、持ち前の大胆な発想力と行動力、そして天性の明るさを発揮して活躍する。昭和肥料初代社長の森矗昶《のぶてる》は、利夫の実力を大いに評価し、次々と大きな仕事を任せ重用した。

そして入社八年目の一九三七（昭和一二）年に、利夫は北海道の炭鉱である豊里鉱業所の課長に任じられた。利夫三〇歳のときである。これは当時の昭和肥料では異例の出世であったという。

森社長との出会いは、利夫の人生にとって非常に大きな影響を与えた。

森矗昶は、一九三〇年代に重化学工業を事業基盤にして、一代で森コンツェルンという新興財閥をつくり上げた立志伝中の人物である。

アルミニウムの国産化に成功し、日本の化学工業の基盤を築き、国政にも進出。立憲政友会に属し、一九二四(大正一三)年から衆議院議員に連続四期当選した。一九七四(昭和四九）年に第六六代総理大臣となった三木武夫が女婿であることでも知られている。

森が、日本電気工業と昭和肥料を合併させて昭和電工を設立し、社長に就任するのは、利夫が豊里鉱業所の課長になった二年後の一九三九（昭和一四）年のことだった。しかし、その二年後に森は死去する。

千葉県の外房、夷隅郡森谷村（現勝浦市）に生まれた森も、利夫と同じように高等小学校を卒業した後、小さな漁村から青雲の志を抱いて上京した。その後、自ら事業を興し実業界に入ったばかりではなく、政界でも活躍していった。森の生き方は、利夫に大きな影響を与え、そこに自らの理想の姿を思い描いたことは疑いないところである。とりわけ森の変わらぬ信念だった「不《ふ》撓《とう》不《ふ》屈《くつ》の精神」を、利夫は受け継いでいた。

利夫もまた、強い意志を持ち、一旦決めたなら、どんな苦労や困難にもくじけない強さを発揮した。晩年の森は、若い利夫にかつての自分と同じ資質を感じていたのかもしれない。

利夫は、戦後、サンエースの前身の品川化工を創業してから、時に社員たちを家に呼んで食事を振る舞った。そんなとき、よく森社長の思い出に自らの想いを重ねて話すことがあったという。その茶の間には、結婚祝いに森から贈られた茶簞笥が置かれていた。

義母・はじめ、妻・正子のこと

利夫が結婚したのは、豊里鉱業所に転勤になる一年前の一九三六（昭和一一）年のことである。東北選出の村松国会議員の仲人により、佐藤正子《しょうこ》と見合いし、結婚した。正子の母はじめの生家は、利夫の生家から一〇㎞ほどしか離れていない、宮城県南三陸町にある松笠屋敷であった。平安中期の武将・藤原秀郷を遠祖とする須藤家の出身で、江戸初期には伊達家の家臣を務めた記録が残っている。

はじめの生家は、現在では南三陸町の管理となっているが、東日本大震災の折には救助拠点となるほど広大な敷地であった。

利夫の結婚式での記念撮影。
参加者の服装などから当時の優良企業幹部たちのスタイルがうかがえる。

今でも残っている須藤家の道具や日常品には家紋が入っており、常に多くの使用人が住まう豊かな家であったようだ。はじめの父は裁判官を務めており、登米近くの出身である佐藤家に多くの嫁入り道具とともに嫁いだものと推察される。

妻・正子の父・佐藤清、母・はじめは、共に教員であった。二人とも進歩的な考えを持っていて、家はとても自由な気風があり、夏は一家でキャンプに行き、冬はスキーにも行くような家庭だったという。

佐藤清とはじめは後に大阪に移り住み、清は昭和初期にヨーロッパに視察団として一年間派遣される。西洋をすっかり気に入った清は、さらに一年滞在を延ばすことを決め、はじめに対してその費用を送るように伝えてきたという。

清が勝手に滞在を延ばしたことで月々の給料は入らない。その上に清の滞在費まで賄うために、はじめは嫁入り道具を質に入れて現金を用立てたというが、とてつもない価値のある嫁入り道具であったに相違ない。

正子が折に触れて外の人と会話をするのを耳にした孫たちは、普段とは異なる上品な言葉遣いや、その物腰の柔らかさに、子どもながらも気品を感じていたという。それには、祖母であり、正子の母であるはじめの出自も影響をしていたのかもしれない。

正子は、幼い頃より成績優秀で、当時、関西で女子が唯一進学できた奈良女子大学に入学した。父の清は、これからの時代には女性も何か専門を持って、自立して生きていくことが大事だという考えを持っていた。正子が数学をやりたいと言いだしたときには、「数学は潰しがきかない。家政科に行きなさい」と助言したという逸話が残っている。正子は、家政科で学び教員免許を取得し、樺太の学校の教壇に立っていたことがあるという。父の清から「一度は外国に行った方がよい」と勧められたことと、趣味のスキーを満喫できるとの思いか

後列右側から3人目創業者「利夫」、前列一番左創業者利夫の妻「正子」、前列左から3人目創業者利夫の妹「節子」。

昭和電工炭鉱事務所と選炭場。豊里炭鉱は、昭和電工系の企業が昭和12（1937）年に開き、昭和29(1954)年に豊里鉱業が経営を引き継いだ。

豊里炭鉱開鉱時の坑口と従業員。
昭和12(1937)年

豊里炭鉱開鉱時の坑口と従業員。
昭和12(1937)年

写真提供：炭鉄港推進協議会

らであった。当時の樺太には優雅にスキーを楽しめる環境などなかったことは、赴任後に知ることとなるのだが……。

生粋の事業家であった利夫は、その生涯を通して幾度もの危機に直面している。その度に家族が路頭に迷うことを心配したが、正子は常に、「あなたが仕事を失っても、教員をしていた私でもお粥くらいは食べさせてあげられると思いますよ。ですから何の心配もしないで、あなたはやりたいようにおやりくださいな」と、口にしていたという。

子どもたちはこの言葉を度々耳にしている。それだけ危機的な状況が日常的にあったわけである。長女の浩子にいたっては、「最後に信頼できるのは正子だ」と利夫から聞かされていた。

正子やその娘たちは普段は化粧もせず、常に質素な身なりで日常を過ごしていたが、利夫には立派な服装を誂《あつら》えていた。スーツは常に銀座で一流品を仕立て、何処に出しても恥ずかしくないように気を配っていたと、娘たちは口を揃えていう。

結婚の翌年には、長女の浩子が、大阪の正子の実家で生まれた。正子は生まれたばかりの浩子の写真に添えて、利夫に次の句を送ったという。

戸の面行く　橇《そり》の音を聞く　君をしぞ想う

これは成人した浩子が、利夫と二人で実家の炬燵《こたつ》に入っていたときに、利夫から聞いた話である。利夫はその句を諳《そら》んじて記憶しており、浩子が「お父さんよかったわね」と言うと、利夫はとても嬉しそうな顔をしていたという。

それほど喜んだ長女の誕生だったが、誕生直後に、浩子は重度の消化不良を起こしてしまう。長男・利昶《としてる》を身籠っていた正子には、看病することもままならず、浩子はしばらく大阪の実家に預けられることとなった。女性にも平等に教育を授ける自由な空気のある母の実家は、浩子にも心地がよかったらしく、祖父の清に大いに可愛がられたという。

一九三九（昭和一四）年には、長男の利昶が生まれる。「利昶」の名前は利夫と森矗昶から一字ずつ取ったものである。

そこからも、利夫の森を慕う思いの深さが伝わってくる。

しかし、この命名に正子は強く反対した。「私は、一平《いっぺい》と名付けたい」と主張したのだが、利夫は強引に利昶の名前を役場に届けてしまった。

その後、利夫・正子夫妻は達子《さとこ》、惇子《あつこ》、誠子《せいこ》の三人の娘に恵まれ、一男四女の親となった。

母から長男の名前のいきさつを聞かされていた娘たち四人は、母の気持ちを尊重し、利昶のことを一平の〝ぺい〟をとって「ぺいちゃん」「ぺい兄さん」と呼んでいたそうである。

後に利夫の後を継ぐことになる利昶は、麻布学園時代、地理歴史部に所属し、毎年山中湖での合宿を楽しみにしていた。そのときの思い出から、晩年は山中湖に居を移して、孫子と共にのんびりとした時間を過ごしていた。表面的には穏やかな性格の利昶であったが、芯は強く、決して自分を曲げないところがあったという。

世のため、人のために尽くすべく独立

「世のため、人のため」は、生涯を通して利夫の口癖であり、サンエースを貫く事業哲学でもある。

大志を抱いて東北の小さな町から上京した利夫は、森轟昶と出会い、その言動に触れることで「事業家として成功し、天下国家に尽くしたい」という想いを、より明確にしていった。

一九四〇（昭和一五）年、三四歳になった利夫は、独立し起業を決意する。前年に日

本電気工業と昭和肥料が合併してできた昭和電工株式会社を退社し、後にサンエースとなる大和産業株式会社を立ち上げた。同時に、自宅を北海道から神奈川の大磯へ、さらに会社の近くの横浜へと移していった。

起業した利夫は、まずその一手として岩手県の久慈でマンガン採掘事業に着手する。なぜマンガン採掘に乗り出したのかは記録が残っていないので詳《つまび》らかにはわからない。しかし、当時の時代状況を考慮すると、こんな推測が成り立つのではないだろうか。

日中戦争が膠着状態を続ける中で、米英との開戦も必至という状況にあって非鉄金属の増産も日本政府の喫緊の課題の一つであった。利夫が起業する前年、一九三九年には国策によって帝国鉱業開発株式会社が誕生している。国を挙げて鉱産資源、なかでも非鉄金属資源の積極的な開発の機運は高まっていった。

マンガンは、硬質な合金であるマンガン鋼の原料に使われる他、鋼材の脱酸素剤、脱硫黄剤などにも使用される。また、硫酸マンガンなどの化合物は、作物の肥料としても広く用いられる鉱物である。昭和電工の前身である昭和肥料にいた利夫が、それらのことを知悉《ちしつ》していたことは想像に難くない。

マンガンの用途の広さは経営的にも有利であり、その採掘事業はそのまま国の役に立つという判断があったのではないかと思われる。まさにマンガン採掘事業は、利夫の「世のため、人のために尽くす」という信念と合致する事業だったのである。

ところが、期待していたような収益を上げることができず、ほどなくして採掘事業からは、撤退を余儀なくされてしまった。最初の大きな挫折である。しかし、そこでめげる利夫ではない。

幸いそれまでに築いた人脈から、金属ブローカー業は継続したものの、その収益だけでは家族を養いきれない。大和産業を実弟の延夫《のぶお》（三男）と綱夫《つなお》（四男）に任せ、利夫自身は安定収入を得るために日本揮発油（現・日揮ホールディングス）に就職する。まずは体勢の立て直しに掛かる必要があった。

日本揮発油では、子会社で札幌にある豊平製鋼所の二代目社長として赴任した。再就職とはいえ、その実力を買われたのだといえよう。この会社は後に石川島播磨工業の札幌工場となる。

三女・惇子《あつこ》、四女・誠子《せいこ》の話によれば、この札幌時代、一家は札幌の繁華街の一つ、狸小路で暮らしていたそうだ。

「疎開で空き家になっていた料亭を会社が寮として借りてくれ、その料亭に他の社員家族の人たちと一緒に住んでいました」

そう言うと、惇子はこう付け加えた。

「私の名前。惇子の〝あつ〟は、叔父の綱夫がアッツ島から付けたそうです」

彼女は、日本軍のアッツ島占領の翌年、一九四三（昭和一八）年の生まれである。それは日本軍の勝利を願って付けられた名前に違いない。だが、惇子は冗談まじりに話す。

「私、その名前を付けた叔父をすごく恨んでいました。アッツ島は結局、玉砕したでしょう。なにか私も玉砕的な人生を送るようになるかもしれないって……」

戦時中は、多くの日本人が日々耐え忍び、日本の勝利を信じて暮らしていた。そうした〝あの時代の空気〟と、戦後に自我を形成した世代の意識の違いが伝わってくる。

一九四五（昭和二〇）年八月一五日。日本は、降伏要求であるポツダム宣言を受諾した。一九三一（昭和六）年の満州事変からの日中戦争、そして太平洋戦争と一五年も続いた戦争の時代が、ようやく終わった。

終戦後、利夫は日本揮発油本体に戻り、横浜の上大岡に勤務するようになった。

一九四七（昭和二二）年一〇月に常務取締役に就任し、三年後の五〇（昭和二五年）

一一月に退職する。利夫が日揮時代のことを詳細に語ることは少なく、好待遇で迎えられたものの、仕事の内容には満足できなかったのではないだろうか。

利夫にとっては、昭和電工で森に仕えて得られた経験が、その後の人生を形づくる原動力となったことは間違いない。その後も、利夫は、森と同じく「不撓不屈」の信念を貫き、「世のため、人のために尽くす」ことを自分に課していった。

第2章　戦後日本の経済成長と共に

品川化工の設立

日揮を退職した利夫は、実弟たちに任せていた大和産業に戻ると、本格的に活動を開始した。着目したのは潜水艦の鉛バッテリーであった。そして、これが現在のサンエースの事業の原点となってゆく。

当時、旧日本海軍の解体に伴って大量の中古の鉛バッテリーが放出された。それらは潜水艦の動力源として使われていたものだった。

潜水艦の主動力はディーゼルエンジンだったが、敵の艦艇に自艦の位置を知られないために、海に潜ると音が出ない電気モーターを鉛バッテリーで動かしていたのだ。そのため、廃棄される鉛バッテリーは数え切れないほどあったという。

バッテリーから鉛分を取り出して焼成することで酸化鉛とし、それを中心とする事業を展開し始めたのである。

利夫は昭和電工の工場の一角を借りると、旧日本海軍から払い下げを受けた鉛バッテリーを原料に製造を始めた。利夫が生前の森に可愛がられていたことを知っていた同社の幹部たちは、簡易な設備を工場の敷地内に据えることを許可したという。

1954(昭和29)年の北品川周辺の風景。

しかし、利夫の事業の規模が大きくなるにつれ、さすがに黙認できなくなり、「吉田さん、そろそろ出て行ってもらえないか」と促されたようだ。

一九四八（昭和二三）年、四二歳になった利夫は、品川の青物横丁に自前の工場を建設。社名を「品川化工株式会社」として、代表取締役社長に就任した。

現在のサンエースの前身である。酸化鉛は、主に船底塗料などの防錆剤として使われていた。その需要は、戦後日本の経済を牽引した造船業の発展と共に増大し、品川化工の基礎を形づくることに大いに寄与した。

このほか酸化鉛には、クリスタルガラス、光学用ガラス、真空管テレビのモニターとして使われていたブラウン管のファネル（じょうご型の背面部分で放射線遮蔽に使用）、塗料などの用途がある。やがてそれを化学反応させて、三塩基性硫酸鉛の製造に成功したことにより、塩化ビニル（塩ビ）の加工時に塩ビ樹脂の分解を防ぐ安定剤の製造販売へと事業が展開してゆくこととなる。酸化鉛は三〇年以上にわたり品川化工の事業の根幹を支え続けた。

この酸化鉛の事業を通して、顧客であった大日本塗料、関西ペイント、日本ペイント、そして塩ビ安定剤の顧客であった積水化学それぞれの経営者と関係が深まっていったことは想像に難くない。

特に船底塗料の分野で使われた防錆剤は「鉛丹（四酸化三鉛）」と呼ばれ、高度経済成長期を通して需要が伸び続けた。利夫は塗料関連の仕事を本体から切り離し、別会社として品川塗装株式会社を立ち上げ、弟の綱夫にその指揮を任せるようになった。

また、現場での塗装業務を担うために、新たに品川塗工株式会社を設立する。この事業は同じく弟の延夫に任せ、主に日本鋼管の下請けとして、神奈川県の鶴見と三重県の津に拠点を構え、最盛期には七〇〇名の従業員を雇用するまでに成長した。

だが、残念ながら船底塗料分野の仕事は、その後の日本の造船業の低迷と共に衰退してゆき、一九八〇（昭和五五）年までにそれぞれの事業を整理することとなる。

時代や社会の変化に伴った、事業の栄枯盛衰は避けては通れない。だからこそ、常に次代を見据えた経営戦略が求められるのだ。緻密に事業戦略を練るよりは、どちらかというと感性に基づく判断を得意とする利夫であったが、アンテナは常に広く張り巡らせていた。

自社が手掛けている製品に、どのような用途展開の可能性があるのかを探求することに貪欲で、常に広く情報を取り入れ、さまざまな人物との交流関係を築き、仕事を広げていったのだ。たとえば新聞は、全国紙をはじめ、経済紙、業界紙など毎日四～五紙に目を通し、気になる記事を丹念に切り抜いていた。当時はインターネットなどなく、新聞が最大の情報ソースだった。その膨大なスクラップブックは自室に保管されており、自分なりのデータベースを作っていたのである。

さらに、先に挙げた企業の経営者たちとの情報交換を通じて、さらなる事業展開の構想を練っていったのであろう。まだコンサルタントなどが存在する前の話である。経営者が独自に集めた情報を基に先を読む力こそ、会社の推進力となったのである。

社員寮も構えることができるようになった品川化工。社員たちとのひととき。

そうして利夫が目をつけたのが塩ビ安定剤であった。

塩ビ安定剤の製法を確立

戦後の復興の中で、プラスチック産業もまた黎明期を迎えていた。中でも高い耐久性を持つ塩ビはその代表格だった。

塩ビは最も古い歴史を持つプラスチックである。

江戸時代末期の一八三八（天保九）年にフランスで発明され、一九三五（昭和一〇）年頃からドイツで本格的な生産が始まった。

日本では、一九四一（昭和一六）年に日本窒素肥料が独自の技術で生産を開始したのが最初で、戦争を挟んだ後もさまざまな技術開発が進められてきた。

プラスチックを構成している最小の基本物質のことを「モノマー」という。ほとんどのモノマーは水素と炭素の結びつきでできているが、塩ビのモノマーはそこに塩素も結びついているという特徴がある。

塩ビも他のプラスチック同様に、原油から採取されるナフサと、塩素を原料にして製造されるのだが、石炭と塩素を原料にしても製造することはできる。事実、日本窒素肥料が作った塩ビは、石炭を原料にしたものだった。資源の少ない日本だが、塩ビは国産資源だけで製造できるプラスチックでもあったのである。

塩ビは耐久性に優れているだけではなく、添加剤によって硬くも軟らかくもなり、加工性にも富んでいる。さらに、燃えにくい、油や薬品への耐性に強い、風雨や光に晒《さら》されても劣化しにくい、電気を通さない、表面にプリントができるなど、いくつもの優れた特長を有している。そのために私たちの暮らしの中でさまざまな製品に使われている。バッグやベルト、あるいはソファーやイスの表皮、食品用ラップフィルム、筆箱、消しゴム、電気のコード、自動車の内装、壁紙や床材、窓のサッシといった建築資材、そしてインフラ整備に欠かせない上・下水道管のパイプ……。

その使い勝手の良さから、私たちの生活になくてはならないプラスチックだといえるだろう。

ただ難点がある。塩ビは塩素を含む構造上、成型加工時に水素と反応し塩酸が副生され、自己分解を始めてしまうのである。それを防ぐためのさまざまな模索や実験を経て、酸化鉛を原料とする三塩基性硫酸鉛、二塩基性亜燐酸鉛、ステアリン酸鉛などが、塩素を捕捉する安定剤として有効に機能することがわかってきた。

それらの情報を入手した利夫は、自社で作っている酸化鉛を原料にして、これらの安定剤の試作に着手することにした。

こうして品川化工は、広大な市場を有する塩ビ関連の事業に進出していったのである。

その頃には、利夫の妻・正子の兄で、東京理科大学を出た佐藤哲也が技術者として入社しており、これら安定剤の開発に携わっていた。

哲也は少し変わった経歴の持ち主であった。当初は医師をめざして東北大学

前列左から佐藤哲也、吉田正子、吉田利夫。

の医学部に進んだのだが、手術などの実習で血を見ると卒倒してしまうことが続き、医師を諦めることになったという。その後、東京理科大に進み、化学を専攻した。一人黙々と実験を繰り返し研究するという化学研究のスタイルが性に合ったようで、非常に優秀な研究者であった。

そんな哲也も戦力となり、試行錯誤の末、品川化工では塩ビ安定剤の製法を確立することに成功する。そして量産化に目途が立った一九五〇（昭和二五）年、大田区大井に安定剤工場を建設した。

この前後から日本の塩ビ加工産業の草分けであった積水化学工業との取引が始まる。当時の積水化学の社長であった上野次郎男《じろうお》は、利夫と年齢も近かったこともあり、親しく交流していた。

上野は一九二七年（昭和二年）東京帝国大学経済学部を卒業する。報知新聞社での勤務、日本窒素肥料の取締役を経て、一九五一年に積水化学工業社長に就任している。積水ハウス産業代表取締役にも就任する一方で、讀賣テレビ放送取締役、関西経済連合会理事も務めた財界人であった。

利夫は月に一度は、積水化学の塩ビ成型工場があった京都まで出向き、上野と酒を酌み交わしていた。そのような関係が一〇年以上にわたって続いた。

その縁もあり、品川化工が増資を行う際に積水化学は一割ほどの株式を引き受け、現在に至るまでの安定株主となっている。

塩ビ安定剤事業が大きく飛躍した背景には、現在もサンエースの株主である勝田化工株式会社が、鉛安定剤事業を撤退したことも影響している。

勝田化工は東亜理化株式会社を設立し、日本で最初に鉛安定剤事業を立ち上げた。しかしその後、競争が激化したことで次第に採算が悪化する。当時の社長の勝田耕永は、交友関係の深かった利夫に鉛系安定剤事業を譲り渡し、その対価として株式を受け取ることとなった。その後の紆余曲折を経て、現在外部株主として残っているのは、積水化学と勝田化工の二社のみとなっている。

耕永氏の次男である勝田耕司は、米国留学を経て勝田化工に入社。技術担当の取締役を務め、のちに社長に就任。現在もサンエースの社外取締役を務めており、利夫が耕永氏と築き上げた関係は、世代を超えて受け継がれている。

ちなみに、勝田耕永氏は利夫の葬儀委員長を務めており、その交友関係は終生続いた。

現在でも、塩ビは世界的に成長が続く素材である。とりわけ開発途上の国々にとっては、インフラ整備に欠かせない。

塩ビ加工産業の初期には安定剤として鉛などの重金属が原料として用いられていたが、一九九〇（平成二）年前後から重金属による環境負荷軽減をめざして世界的に重金属代替技術の普及が始まった。サンエースは、積極的にこの課題に取り組み、現時点では環境技術分野で世界のトップシェアを誇っている。

サンエースが誇る開発力は、創業の頃からの技術者たちの情熱的かつ独創的な研究姿勢に、その原点を見て取れる。

「真面目に、正直に」

長く製造や技術に関わってきたＯＢ社員たちは、口を揃えて「我われの最大の誇りは、自社の固有技術でやってきたことだ」と言う。

〝必要な機械や装置はすべて自製する〟というのが利夫の方針だった。

利夫は、「機械を外から買えば高いが、自分たちで工夫して作ることで、コストを抑えることができる。何よりそのことを通して、自分たちの技術力も高まる」と考えていたのだ。その考えが、社員たちに共有されていたのである。

自製したものの一つに、製品の異物を除去するジャイロシフター（ふるい）がある。それまで水平振動のジャイロシフターを使っていたのだが、音や振動が大きく、他の機械の動作などに影響を及ぼしていた。何とか振動を抑えることはできないかと、さまざまに考え、試行錯誤を繰り返した末、垂直に揺する方法を考案。さっそく垂直振動のジャイロシフターを試作したところ、振動は少なく他の機械への影響もなくなったのである。

こうした創意工夫、改良の積み重ねが、困難な課題に対しても諦めることなく、挑戦してゆく企業文化を築いていったのであった。それは同時に、独自の技術力を培うことにも繋がっていった。

真面目に正直に製品を作るというのが、創業者である利夫の信念だった。当然ながら品質についても妥協は一切しなかった。

「製品の品質は世界一だけど、値段も世界一だ」とOBが言うように、自社製品の安売りを行うことはなかった。

「ばか正直にやれ！とよく言われた」と、OBたちは昔を思い出す。

利夫の身長は一六〇センチほどだったという。だが恰幅がよく、威厳があった。若くして炭鉱の責任者を務めたことから声も大きく、その怒鳴り声は相手を震え上がらせるのに十分な迫力があった。

迫力十分のその大声で、利夫は「真面目に、正直に」と社員たちを叱咤しつつ励まし続けていたのだ。

利夫が座右の銘にしていたものの一つに、戦国時代の軍師、黒田官兵衛が残したとされる言葉の「水五訓」がある。

一、自ら活動して他を動かしむるは水なり
二、障害にあい激しくその勢力を百倍し得るは水なり
三、常に己の進路を求めて止まざるは水なり
四、自ら潔うして他の汚れを洗い清濁併せ容るるは水なり
五、洋々として大洋を充たし発しては蒸気となり雲となり雨となり雪と変じ霰《あられ》と化し凝《ぎょう》しては玲瓏《れいろう》たる鏡となりたえるも其《そ》の性を失はざるは水なり

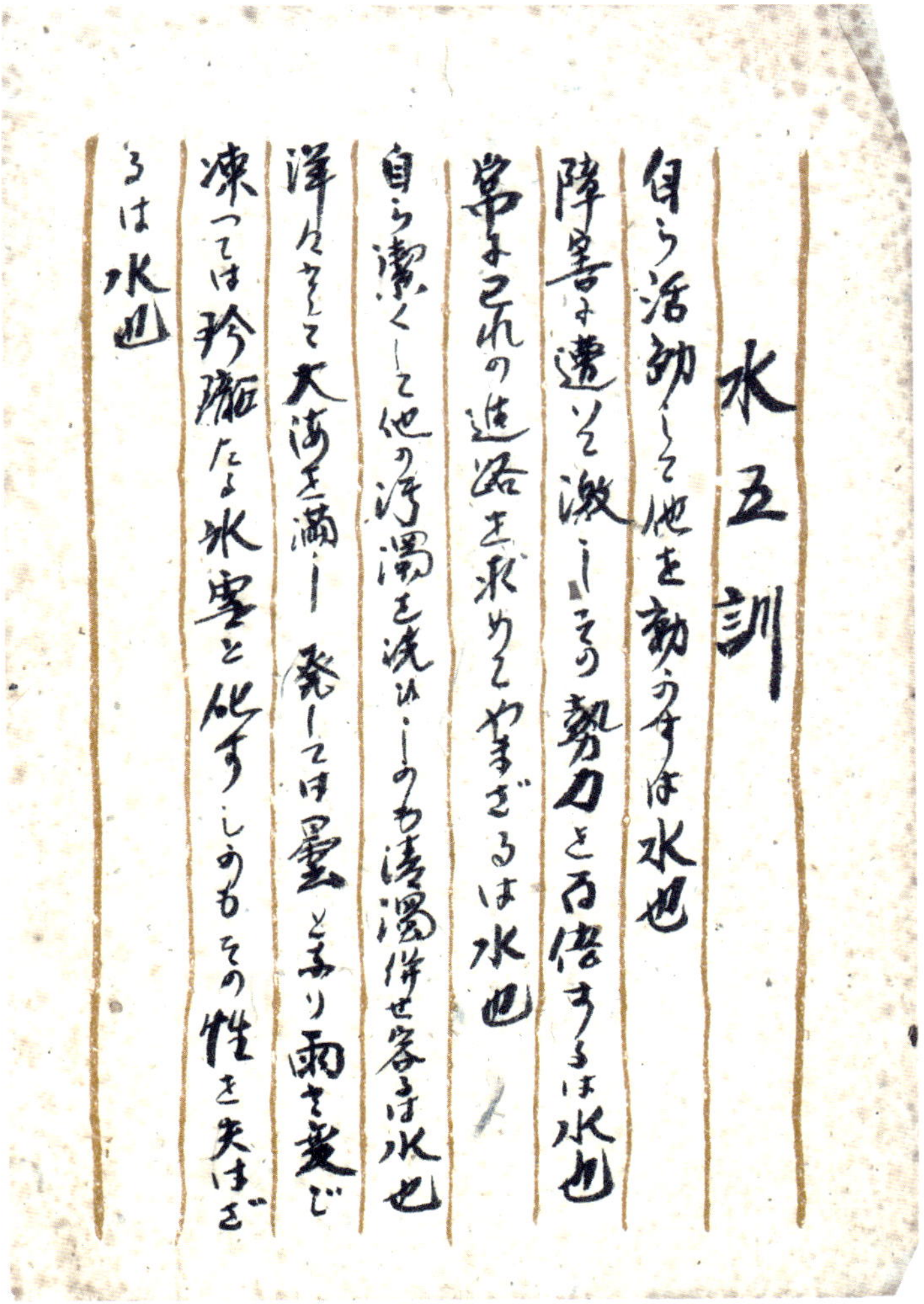

水五訓

自ら活動して他を動かすは水也

障害に遭ひて激しその勢力を百倍するは水也

常に己れの進路を求めてやまざるは水也

自ら潔くして他の汚濁を洗ひしかも清濁併せ容るは水也

洋々として大海を満し発しては雲となり雨と変じ

凍っては玲瓏たる氷雪と化すしかもその性を失はざるは水也

利夫自身の筆による、自らへの戒め「水五訓」。

利夫は、常にこの五訓を胸に抱きながら、経営にあたっていたのである。

成長の礎となる金属石鹸への挑戦

一九五九（昭和三四）年には川崎工場が竣工する。

ここで利夫は、鉛由来の安定剤だけではなく、同じように塩ビ安定剤としても使われていたステアリン酸カルシウム、ステアリン酸亜鉛などの金属石鹸の製造に着手した。これが後にサンエースを大きく発展させる基礎となってゆく。

金属石鹸とは、動物や植物に由来する油脂から作られる脂肪酸と、金属塩との化合物全般を指す。ナトリウムやカリウムと反応させると手を洗う石鹸になるが、カルシウムや亜鉛など他の金属塩と反応させると、水溶性ではないので汚れは落とせない。しかし粉末や顆粒、個体の状態にある素材を加工する際に、摩擦を低減する優れた滑性を発揮して、加工機の付着を防ぐ滑剤や離型剤として機能する。また製紙、金属加工用潤滑剤、研磨布紙またゴム工業用打ち粉、さらには油溶性を生かして塗料の乾燥促進剤、合成樹脂や錠剤を成型する際の添加剤など、幅広くさまざまな産業用途に使われている。

塩ビ用途では、製品に滑性や耐熱性を与え、ゴムやプラスチック用途においては分散性や滑性、金型からの離型性を向上させ、粘度のある油などの液体製品では粘度の調整や凍結防止にと、実に幅広い用途を持つ。

塩ビ安定剤も金属石鹸も、現在に至る世界の産業界に欠かせない素材であり、いまもサンエースを支える事業の柱となっている。

さて、川崎工場で取り組みを始めた金属石鹸だが、コスト的にも、品質的にも競争力のある生産技術を確立できず、その時点ではまだ事業の柱とはなり得なかった。

しかし、このとき金属石鹸に取り組んだ経験は、二〇年余りの時を経て再び活かされることになる。一九八〇年代に海外進出の第一歩となったシンガポール工場において、新たな生産技術の確立に結びついたのだ。川崎工場での経験を持つ椛島信義《かばしまのぶよし》が、シンガポールに工場長として赴任した際に、金属石鹸の試作に成功する。その時点では、まだ品質的に安定していなかったが、椛島は品川化工に帰任後も小型試作機を使い、最適な製造条件を見つけ出す努力を繰り返し、ついに安定的に生産できる技術を確立した。まさしく品川化工の技術者魂の真骨頂である。

このような紆余曲折を経て製品化された金属石鹸は、塩ビ以外のプラスチック樹脂向けにも徐々に販売が広がってゆき、その後の海外展開に大きく貢献することになっていったのである。

ちなみに一九八七（昭和六二）年に入社した現会長の佐々木亮が、最初に携わった仕事は、前述の小型試作機を使い、金属石鹼の製造条件を見つけ出す作業だったという。ベテラン技術者である椛島の指導を受け、地道な作業の繰り返しの中から、新たな仕事を生み出す経験を入社直後に得られたのは、佐々木にとって実に幸運であったといえるだろう。

佐々木は入社三カ月後に、シンガポールに赴任する。シンガポールでは、実機での試作から携わり、やがて金属石鹼の塩ビ用途以外への販売にも従事して、本格的な商業生産へと繋げてゆく。品質と生産効率を格段に向上させたことによって、勃興期にあった東南アジアの石油化学産業で生産されるポリエチレン、ポリプロピレン、ポリスチレン、ＡＢＳ樹脂などのプラスチック分野へと、ビジネスが大きく広がっていったのである。

当初は、シンガポール工場の一工程でのみ製造していた金属石鹼だったが、Ａ（アクリロニトリル）、Ｂ（ブタジエン）、Ｓ（スチレン）の三つの材料の特性をバランスよく有することで汎用性の高いＡＢＳ樹脂の世界的なＡＢＳメーカーとの取引が本格的に始まったことにより、赴任三年目には生産設備を三倍に増強することになった。その後も順調に拡販と増設を続け、金属石鹸分野におけるトップメーカーとしての礎となっていた。

父としての利夫の横顔

先に触れた「みな〝とっちゃん〟（＝利夫）のとこさ行け」と母のとくが弟たちを兄・利夫の下に送り出したのは、川崎工場にて金属石鹸の生産に取り組んでいたこの頃のことである。

母の言葉を受けて、利夫を頼って七人の弟たちが次から次へと上京して行った。そのため吉田家の暮らし向きは決して豊かとはいえず、正子は質屋通いを繰り返す日々だった。

当時、利夫は川崎市新丸子に居を構えていた。教育熱心であった正子は、子どもたちを多摩川の対岸にある東京都大田区立の田園調布小学校に入学させる。

浩子は、中学生になると私立の調布学園（現在の田園調布学園）に進学するが、質屋通いを繰り返す家計からは制服代を払う余裕がなかった。全校でただ一人制服がない浩子は、特にそれを気にするふうでもなかったそうだが、教師たちは大いに気を揉んでいた。正子の手縫いの制服を着て浩子が登校するようになったとき、教師たちは心底ホッとした表情をしていたという。

仕事熱心で野心家であった利夫は、家庭では必ずしも子どもたちにとって理解ある父親ではなかった。子どもたちには短気で怖い父親として映っていたようで、四姉妹は常に母の味方だった。

四女の誠子は、「意識はしていませんでしたけれど、私の言うことなすことは父の気にさわることばかりだったらしく、よく母親に『お父さんと話すのは止めなさい』と言われました。小学校の五年生くらいまでには、父と話すのはせいぜい天気の話くらいになりました」と言う。

それでも誠子は両親が亡くなるまで一緒に暮らし、常にその傍らで見守り続けた。利夫の弟たちが訪れると、誠子は必ず毒舌を交えて笑わせ、「この家はいいな、いつも笑いに包まれていて！」と叔父たちに言わしめた。

利夫が七〇代に入ると、誠子はヨークシャテリアの子犬を飼い始める。ルルと名付けられた子犬を利夫は溺愛し、ルルは夕食時には利夫の横にピタリと寄り添い、大好物の鮪の刺身を貰うのが常であった。数年にわたり幸せな時が流れたが、生来心臓が悪かったルルが息を引き取ると、利夫は母親の葬儀でも流さなかった涙をぬぐい、その後犬を飼うことを許さなかったのである。

次女の達子は、子どもの頃から理屈っぽく、周囲の親戚たちから「将来は弁護士になればいい」と言われて育ち、中央大学法学部に進学している。ところが大学で出会った夫となる全助が、日本ビクターに就職したことを受けて、弁護士ではなく別の形での自己表現をめざして、美大へと方向転換を図ろうとする。しかし中大在学中に美大に転学することは、利夫ばかりか正子にまで猛反対された。

「美大に進学するのは良いが、まずは法学部を卒業してから」と説得されるも、達子は自らの意思を曲げずに利夫に食って掛かり、遂には武蔵野美術大学に転学することを認めさせたのである。達子はいまでも仲間たちと創作活動に勤しんでいるが、その辺りは親譲りで間違いないようである。

三女の惇子も、こんな逸話を話してくれた。

「私が小学校の三年生か四年生頃のこと。朝ご飯のときに母と父が何かでやりあって、最後は一方的に父が話し続けているんです。私は、たまらなくなって父に『いまは民主主義の世の中なんだから、お母さんの言うこともちゃんと聞いてくれなきゃダメでしょう』というようなことを言ったんです。すると父に『バカもん！　出てけッ』と怒鳴られました」

その言葉に、惇子は玄関を飛び出したが、慌てて追いかけてきた母になだめられたという。利夫は、家父長制を代表する厳格で典型的な明治生まれの父親であったようだ。

吉田家では、父の帰りを待って家族揃って夕食を取るのが習わしだった。夜に予定がある日は別として、普段は利夫が帰ってくる頃合いを見計らいみんなが揃って玄関で迎える。そして、一緒に食卓を囲むのである。

食事中は、いつも利夫が話すのを家族はただ聞いていたという。

箸の持ち方を口うるさく注意したり、「なんだ、その口のきき方は」などと指摘したり、食後には仕事の話をすることもあれば、事業に対する理想や理念を語ったりもした。

「私が覚えているのは、『飯の種を残したい』という言葉です」

惇子は、そう話す。

利夫が言う「飯の種」とは、自分の家の飯の種であり、社員たちの飯の種であり、そして日本という国の飯の種ということでもあった。

利夫は、毎年、暮れになると家族を連れて明治神宮に詣でた。一年の願掛けをする正月の初詣ではなく、一二月三一日に過ぎ行く一年の感謝を捧げに行く〝暮れ詣で〟である。

「神社はお願いするところではなく、感謝を伝えに行くところだ」

利夫は、そう言っていた。

常に事業の理想を追い求めて、日々の精進を続ける努力家だった。本を片時も離さず読み、新聞の切り抜きは毎日続けた。情報収集こそが企業経営の要だと考えていたのだろう。

新聞を読むときは、必ず青芯と赤芯が半分ずつの鉛筆を持って気になる記事に線を引き、後で切り抜いてスクラップにしていた。

暮れに明治神宮に行くときも、電車の中で新聞を読みながら赤鉛筆で線を引いていた。すると、知らない人から、「おっ、競馬ですか。どの馬が来ますか？」などと声をかけられることもあったという。

三工場を愛川工場へと統合移転

大井工場で火事があった一九六三（昭和三八）年、利夫が五七歳の年に、東京と川崎にあった三つの工場を、神奈川県内陸工業団地の愛川工場へ統合移転した。これが、現在のサンエースの本社工場である。

戦後の高度経済成長期と重なり、長く自転車操業が続いていた事業も少しずつ安定軌道に乗り始める。工場を集約し、本社は東京都中央区の京橋に構えた。利夫がめざしていた事業家への成長を実感できた瞬間だったかもしれない。

生活に多少のゆとりが出てきたこともあり、その頃に生涯の趣味となるゴルフを始めている。よほどゴルフが性に合ったのか、健康維持を兼ねて週一回はコースに出ていたほどである。

千葉市にある鷹之台カンツリー倶楽部に創設メンバーとして入会したことで、さらに経済界や政界で活躍する人物たちと出会い、広範囲にわたる交流も始まった。そこで築いた人脈は、その後の利夫とサンエースにとって大きな財産となっていった。長年にわたりメンバーであった利夫は、晩年には政財界の要人たちと並び、鷹之台カンツリー倶楽部の理事、監事、評議員を歴任し、最後は評議員会副議長を務めている。

若い頃から役者顔できりっとしていた利夫は、年を重ねてもその面影は残っており、明るい性格で豪快によく笑い、仕事場や家庭では見せないようなチャーミングさを発揮して、ゴルフ場のキャディたちに人気だったという。

ゴルフでの出で立ちは一風変わっており、他の人たちがハンチング帽姿なのに対して、利夫だけは東南アジアの熱帯雨林を行く探検隊が被る、籐で編んだヘルメットのような帽子を被っていた。それがまた、不思議とサマになっていたのである。ゴルフ場のメンバーには、一般向け商品を販売する企業の経営者がおり、帽子姿の利夫の横顔をスケッチして、自社の商品広告に使っている。家族に雑誌に載った広告を自慢していることから、本人はまんざらでもなかったのであろう。

同業者の中には大豪邸を建てたり、ヨットハーバーに豪華なクルーザーを繋いだりする経営者もいた。利夫はそんな仲間に対しても、

「彼らは金持ちだからな」

と、非難するでもなく、それも一つの生き方だというふうに受け止めていた。

仕事を通して雇用機会を増やし、社会に貢献していきたいという意思の強かった利夫

は、私的な蓄財にはあまり関心を向けることがなかった。順調に収益が上がっているときは特別賞与として社員に分配していたのだ。

まさに「世のため、人のために尽くす」は、戦前、戦中の厳しい時代を生き抜いてきた、利夫の生き様を表す言葉であった。

第3章　世界へ――大いなる決断

太陽のように輝く企業へ —— サンエースの誕生

積水化学工業と合弁で、シンガポールに安定剤工場を建設する話が持ち上がったのは、一九七八（昭和五三）年、利夫が七一歳のときだった。

当時は、品川化工の愛川工場から、積水化学のシンガポール、マレーシア、インドネシアの各工場に、年間三億円程度の輸出を行っていた。需要は右肩上がりに増えており、成長するアジア市場の可能性を見据え、現地に生産拠点を構えようとの構想であった。

幸いにも国内の事業が順調に推移していたこともあり、利夫は初めての海外進出を決意する。このまま日本国内で事業を営んでいても、業界トップを狙える可能性は薄い。そうであれば海外に出て、世界のマーケットを視野に入れた事業展開をしてみたい……漠然とではあるが、以前から利夫はそんな夢を抱いていたのだった。

三年後の一九八一（昭和五六）年に、資本金一〇〇万シンガポールドル、品川化工七五％、積水化学二五％の出資比率で、合弁会社が設立された。

このとき、利夫は合弁会社の社名をさまざま考えたようだ。

そして、品川化工、積水化学、シンガポールの頭文字の三つの〝S〟から「サンエス」

と発想し、さらにこの会社の発展と、世界進出の成功への願いを込めて「サンエース」と読み替えた。〝太陽のように輝く最高の存在になりたい〟ということである。

こうしてシンガポールにサンエース化工、すなわちSUN ACE KAKOH (PTE.) LTD.が発足し、翌一九八二年には、海外初となる新工場が竣工したのである。

現地の責任者は、企画の段階からプロジェクトに関わっていた原実が務めていた。原は、利夫の長男・利昶と中学高校を麻布学園で過ごし、共に慶應義塾大学に進学している。利昶は法学部、原は商学部へと進み、青春期を共に過ごした友人同士であった。原は小さな輸入商社を営んでいたが、三〇代半ばで豊富な海外ビジネスの経験から利昶に誘われ、品川化工に入社したのだった。社内では唯一英語を話せる人材でもあった。

現地での工場建設が始まる頃から、シンガポールでは五名の幹部候補を採用。一年間日本での工場研修を行い、ものづくりに関しての準備を整え、現地での稼働に備えた。ところが、実際に試運転を始めると、設計通りにプラントが動かない事態が頻発した。

シンガポール工場は、大きく三つのプラントで構成されていた。そのうちの二つが化学反応を伴う設備である。プラントがうまく稼働しなかった理由の一つは、設置された設備や機器の設計が、愛川工場とは完全に同一のものではないことにあった。加えて日本とシンガポールの気候の違いも大きく影響していた。温度や湿度が異なり、安定的に生産が行える適切な条件設定に辿り着くまでに、時間がかかったのである。

　当時のシンガポールには日本人スタッフが四〜五名駐在しており、問題の対応に当たっていたが、最初の数年間は問題が発生する度に、利夫も複数の技術者を伴って頻繁にシンガポールを訪れていた。多い月には二度、三度と足を運んでいる。

　また、主原料のステアリン酸にも大きな問題が生じていた。日本では、牛脂から精製するステアリン酸を使っている。しかし、シンガポールでは牛脂ベースのステアリン酸を入手できなかったのだ。日本から輸入するのでは、コストが嵩《かさ》む。結局は、東南アジアで安価に入手できるアブラヤシ

1982年完成したシンガポール工場。

の実から採れるパーム油由来のステアリン酸を使うことになった。しかし、そこに技術的な問題が生じたのであった。

牛脂とパーム油とでは、脂肪酸の炭素数の構成が異なっており、また原料となるパーム油には、無数の虫が混入していた。それを牛脂並みのステアリン酸に精製する過程に困難を極めたのである。しかも、苦労してできあがった製品を日本で品質検査をすると、規格外と評価されてしまう。そんなことが半年以上にわたり繰り返された。品川化工の技術陣は、利夫の号令一下、何度も挑戦を繰り返し、ついにパーム油由来のステアリン酸から、牛脂同等の製品を作ることに成功したのだ。

それは世界で初めての技術だった。まさに品川化工の技術屋魂の結晶だといえる。

竣工セレモニーでスピーチする利夫。

シンガポール工場への支援が本体を揺るがす

プラントの機械設備や製造工程など、技術的な問題をクリアしたものの、サンエースは引き続き大きな経営課題を抱えていた。採算ラインまで販売量が伸びなかったのである。

当初の事業計画では、積水化学の海外工場以外にも、別の大手日系企業が新設する予定の東南アジア工場への販売を見込んでいた。しかし、その会社が、工場建設の計画自体を中止してしまったのだ。その結果、売上は当初計画の半分にも届かず、また域内の市場価格を実勢以上に高く見積もっていたこともあり、採算割れの状態が長期にわたり続いたのだ。

売上が伸び悩む原因には、日系商社に頼った販売戦略にもあった。

商社の海外支店に配属される駐在員の数は限定的で、塩ビ樹脂の販売量に対して三〜四%程度のボリュームしかない安定剤は、ビジネスとしての魅力に乏しい。しかも価格とスペックだけで販売できる汎用化学品とは違い、技術サービスを伴って販売する必要があり、商社にとってみれば手間の掛かる面倒なビジネスであった。

シンガポールや陸続きのマレーシアには、直接販売できる規模の顧客が複数あったものの、品川化工の駐在員の英語力には限界があり、現地の商習慣との違いもあって、日本流の売り込みは思うように進まなかった。華僑が多い東南アジアの市場では、言葉の壁がない台湾系の同業他社が、圧倒的に有利な状況にあった。

シンガポール工場の稼働率を上げるために、仕方なく愛川工場での稼働率を落として、一部の製品を輸入することで援助する状態が続く。

それでもシンガポールでは一九八〇年代後半まで採算が取れない状態が続き、品川化工からの貸付金で赤字を補填し続けることとなる。しかし、累積赤字により遂には債務超過となったことから、貸付金を資本金に振り替えて五〇〇万シンガポールドルに増資。この結果、持株比率は品川化工九五%、積水化学五%となった。

シンガポールへの資金援助を続ける中で、本体である品川化工自体の財務状況も行き詰まり始めていた。

資金援助の原資を捻出するために、京橋にあった本社ビルを閉め、営業・管理部門を愛川工場に移転。給与や賞与に関しても大幅な見直しを行うが、ぎりぎりで遅配を回避する状態が続いた。

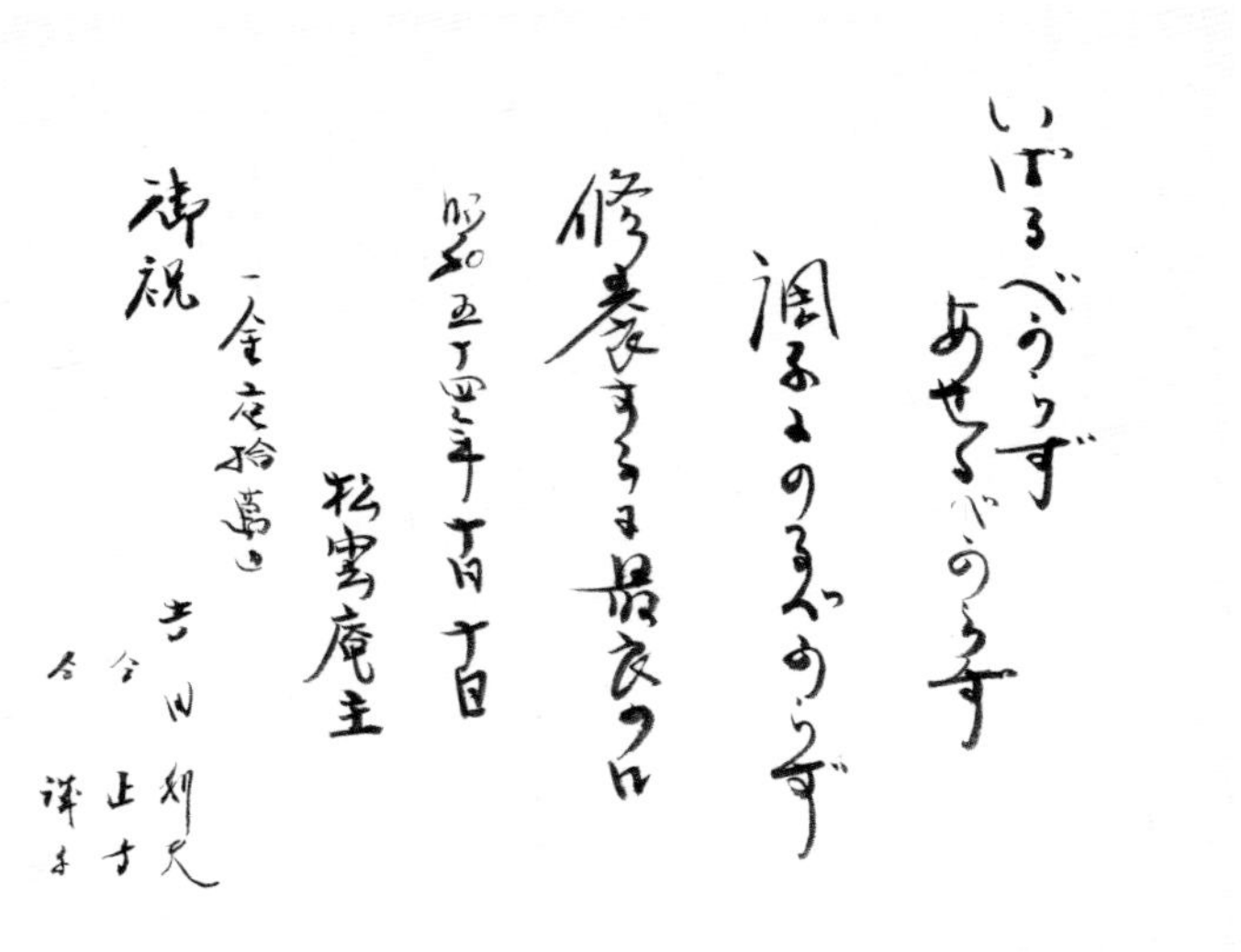

自らに語るように、多くの人にも伝えた言葉「いばるべからず、あせるべからず」の言葉。

社員たちの間では、シンガポール進出をきっかけとして徐々に会社に対する先行きへの不安と不満が高まっていった。進出前までは国内景気もよく、特別賞与の支給もあった。しかしシンガポールで工場が稼働し始める頃から状況は悪くなり始め、従業員たちの間には、海外進出を判断したことが経営悪化の根源であるとの見方が広がってゆく。

そうした状況の中でも、利夫は、家庭では努めて普段と変わりなく過ごしていた。しかし時折、家族は「シンガポールでの立ち上げで苦労している」「本社ビルを閉めて、愛川工場に移転する」「まぁ 都落ちだな」などの言葉も聞いている。

もちろん具体的に仕事の中身を理解してはいなかったが、誰もが会社は相当厳しい状況にあるのだと理解していた。

そうした状況にあった利夫だが、七三歳の誕生日に

「いばるべからず
あせるべからず
調子にのるべからず
修養するは最良の日」

と、不退転の決意を込めた泰然自若の心境を、備忘録に認めている。

危機に際しての決断

厳しい財務状況に直面しつつも冷静さを失わなかった利夫だが、当時の株主であった三菱商事出身の役員からも「赤字を放置すれば本体がもたない」と、シンガポールからの撤退を強く勧められていた。当然ながら取引先の銀行からも、海外からの撤退を検討するように求められていた。

しかし、利夫の決断は明確だった。シンガポールからは撤退しない、であった。

利夫は、以下のように社内外に宣言する。

「愛川工場五〇〇〇坪の土地は、当初五〇〇〇万円で購入した。この二〇年で土地の価格は大きく上がっており、その半分を売却すればシンガポール支援のために借り入れた分は充分に返済できる。少々苦しくてもシンガポール工場は閉鎖しない」

家族も利夫の口から直接、不退転の覚悟を聞いていた。

初めて手掛けた海外事業であり、加えて日本流の商慣習やマネジメントが通用せず苦慮する中で、利夫に具体的な見通しがあったようには思えない。だが、これまでも大きな浮き沈みを経験してきた利夫には、〝一生懸命頑張って努力していれば、結果は必ずついてくる〟との確信があった。そして、自分たちの作る製品には、絶対の自信を持っていた。

惇子の夫である納谷《なや》峻徳《みちよし》は、身内の中でも特に利夫と親しく交流のあった一人であった。社会人として利夫からさまざまな大切なことを学んだというが、「努力は必ず報われる」との信念を、シンガポール進出を決断する前から繰り返し耳にしていた。

その苦衷の只中の一九八三（昭和五八）年の正月、利夫はこうも書き残している。

「三社（＝品川化工、品川塗装、サンエース）赤字の中、暗黒の赴。暗黒は深夜を意味し、深夜は曙の前駆を信ず。虎視牛行の努力せん」

それは、「赤字に苦しむ暗黒は深夜のようなものではある。深夜であれば、それは夜明けが来ることを意味する。苦しい中であっても、虎のようにらんらんとした眼で足元（現実）を見据え、牛のようにゆったりと足に地をつけて、一歩一歩、人生を歩んで行く」という利夫の決意であった。

その二年後、大きな転機が到来する。

プラザ合意という転機

一九八五（昭和六〇）年九月二二日、ニューヨークのプラザホテルで開かれていた先進五カ国の蔵相・中央銀行総裁会議の合意が発表された。いわゆる「プラザ合意」である。これが品川化工にとっては〝神風〟になった。

この会議では、日本の対米貿易黒字の削減を念頭に、為替レートの安定化について話し合われた。進み過ぎたドル高に歯止めをかけるために、実質的に円高ドル安に誘導する合意がなされたのである。

その結果、急速に円高が進んだ。プラザ合意以前は、円は一ドル＝二四〇円台だった。ところが合意後、円高が進み、その年の年末には円は一ドル＝二〇〇円になり、翌年にはあっという間に一〇〇円台になった。

輸出企業にとっては、これまで一ドル＝二四〇円で売っていた製品が一〇〇円でしか売れなくなるということである。輸出の比重が高かった日本のメーカーは、おしなべて大きな痛手を被ることになった。

しかし、シンガポールの工場稼働率を上げるために、製品輸入をしていた品川化工に

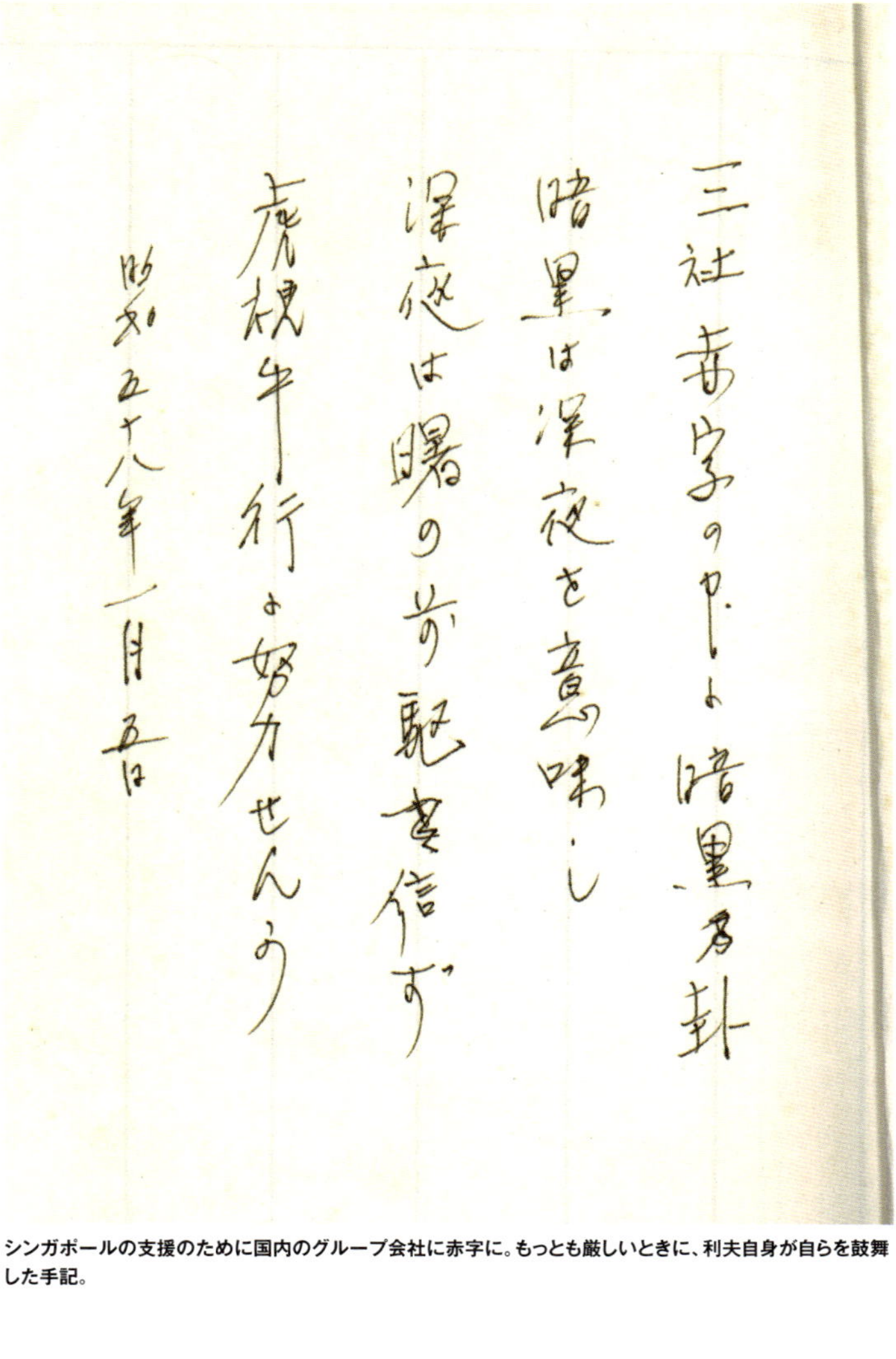

三社赤字の中しよ 暗黒の卦
暗黒は深夜を意味し
深夜は曙の前駆を信ず
虎視牛行よ努力せんう
昭和五十八年一月五日

シンガポールの支援のために国内のグループ会社に赤字に。もっとも厳しいときに、利夫自身が自らを鼓舞した手記。

とっては、プラザ合意により事業環境が一気に好転したのだ。

また円高不況に対処するために日本国内の多くの企業は、海外からの輸入品に目を向けるようになったのだ。

それは塩ビの安定剤や金属石鹸でも同じだった。例えばプラザ合意前の一ドル＝二五〇円の為替レートでは、一キロ三ドルの外国の製品は七五〇円した。それがプラザ合意後の一ドル＝一五〇円になると四五〇円になる。同じ製品が三〇〇円も安く買えるのだ。これまで国産品を使っていた日本のユーザーも、韓国や台湾のメーカー品に目を向けるようになった。

だが、それらの輸入品は日本の基準品質には遠く及ばなかった。ところが、サンエースの製品は、充分に国内基準を満たす水準にあったのだ。

サンエースの製品に注目が集まるようになり、石油化学産業など日本の大手顧客との直接販売が始まる中で、徐々に採算が取れるようになってゆく。東南アジアにおける販売は相変わらず伸びなかったものの、日本向けのビジネスが拡大することによって、ようやく一九八七（昭和六二）年に資金の流出が収まり、業績が好転し始めたのである。円高による事業環境の変化が、サンエースの収益を大きく改善させる要因ともなっていった。

初孫・佐々木亮の入社

すでに利夫は七〇代後半に差しかかり、心臓発作を起こし、体力的な衰えも感じ始めていた。自らシンガポールに出張することも難しくなり、身内の娘婿たちに品川化工への入社を打診したが、実現には至らなかった。

そんな状況が続いた一九八七（昭和六二）年のことである。七九歳になった利夫は、二度目の心臓発作を起こす。そのとき利夫の長女・浩子の長男で、利夫にとっては初孫にあたる佐々木亮に入社を打診した。

佐々木が生まれたのは、一九六三（昭和三八）年。国内の三工場を愛川工場に集約した年である。「初孫の亮が生まれてから、父はどこかやさしくなりましたね」と、惇子は言う。

利夫には、亮を筆頭に孫が一〇人いる。しかし初孫への想いは格別だったようだ。週末に通うゴルフ場に度々連れて行ったり、京都や奈良への旅行にも同行させている。幼稚園や小学校の頃は、ほとんど全ての休暇や週末を一緒に過ごすようになり、亮が小学三年生に上がる折には、休暇を共に過ごすために熱海に別荘を購入し、そこから新幹線で通勤していたという。

利夫の子どもたちにとって、それまでの厳しい父親の利夫の姿からはとても想像できないような溺愛ぶりである。

こんなエピソードもある。休暇の際にはよく将棋やオセロを指していた。将棋では歯が立たないものの、オセロでは亮の勝率が高いことが悔しかったらしく、負ける度に必ず「もう一度」と、勝つまでゲームを続けたという。

また、庭の池に飼っていた鯉が、隣の飼い猫に食べられたことに腹を立てた利夫が、「空気銃を買ってきて、猫を退治しなさい」と言ったという。亮が「それはさすがにやり過ぎではないですか?」と問うと、利夫は「ウチの鯉がお宅の猫を襲うようなことがあれば、同様に空気銃で退治してもらっても構わない、と言いなさい」と答えたというのである。

勉学に関してはうるさく口を差し挟むことはなかった利夫だが、亮が小学校に入学する前には九九を覚えさせている。また熱海で過ごしていたある晩には、次のような漢文を筆で記し、亮に渡している。

少年易老学難成
一寸光陰不可軽

中国南宋の哲学者で詩人でもあった朱熹《しゅき》が表した有名な一節であるが、「若いうちはまだ先があると思って勉強に必死になれないが、すぐに年月が過ぎて年をとり、何も学べないで終わってしまう。だから若いうちから勉学に励まなければならない」という意味である。

苦学を重ねてきた自らの経験に照らして、後悔のないように勉学に励みなさいと、孫に伝えたかったのであろう。

ことほどさように可愛がったのが初孫の佐々木亮であった。

その亮を入社させようというのである。

ここから、しばらく利夫の初孫で現会長の佐々木亮の話をしよう。

当時、佐々木は中央大学法学部を中退して一人暮らしをしながら、家具職人をめざしていた。母親の浩子は調布学園から女子美術大学に進学し、東京芸術大学美術学部を卒業した佐々木仁《ひとし》と結婚している。仁は戦後の工業デザイナーの先駆けとして家電製品、放送機器、音響機器の設計に携わったのちに、青山学院女子短期大学の教授を経て、母校である東京芸術大学美術学部の助教授、教授へと就任している。図学や構成デザインなどの教鞭をとっていた仁は、アーティストというよりはアカデミアの世界に生きる人物であった。研究のテーマを、〝抽象的な「形の在り方」や「形態の操作」を、「実在」を通して表現する〟ことに定めていた。

当然ながら息子の教育にも厳しく、幼少期から一流校に進学することを期待し、将来は弁護士や建築家といった、専門職に就くことを強く望んでいた。親族の経営する品川化工に入るなど、もっての外であるとの考えだった。

大学へと進学した佐々木は、父親のアカデミズム偏重に対して反発を覚える一方で、授業や読書を通してさまざまな考え方に触れ、友人たちとの議論を繰り返す中で「公平な社会の実現」に関心を持つようになる。効率が優先され見落とされがちな福祉の現場にこそ、市場社会の抱える矛盾が現れるはずだと考えた。知り合いの紹介で知的障害者の施設で一カ月研修させてもらい、肢体不自由な人たちが必要とする椅子や家具、または食器など、健常者とは違った道具の必要性を実感してゆく。

行政や政治の側から社会問題に関わるより、自らの行動を通して直接問題に向き合う方が早いと判断した佐々木は、大学を中退して身障者向け家具を含む注文家具を手掛ける職人をめざすことを決意する。職業の選択を通して、どのように社会と関わってゆくかを模索していた佐々木には、「街の家具屋」は理想的な職業であるように思われた。街中には身障者もいれば、高齢者、あるいは小さな子どもを持つ若い夫婦もいる。それぞれが求める家具は事情によって異なり、大量生産を前提としたシステムではカバーできない分野も出てくる。家具屋として同じ街に暮らす人々のニーズに応えてゆくことを生業とすれば、社会が抱える課題にも向き合ってゆけると思ったのだ。

神奈川県の中央を流れる相模川沿いの小さな木工所が、佐々木の最初の勤務先であった。木工職人になるには、まずは技術を身につけなければならない。親方と職人六名の小さな所帯で、住宅やマンション、学校や病院などの公共施設などで使う、量産物の備え付け家具を作る工場に就職した。

利夫から入社を打診される前年の夏。ある日、木工所で昼食を食べている先輩との話から、対岸の工業団地の中に祖父・利夫の経営する会社があることに気がついた。

品川化工は、こんなに近いところにあったのか……。

そう思うと、一時間だけの昼休みを利用して、祖父の会社に行ってみることにした。

オートバイを飛ばして川の対岸まで行き、その場所を探し当てた。

事前に連絡をするでもなく、突然昼休みにやってきた孫を前にして、利夫は特に驚いた様子でもなかった。正子が作った弁当のサンドイッチを勧めながら、

「元気でやっているか」

と尋ねた。大学を中退して以来、自宅から離れて暮らしていた佐々木が、利夫と顔を合わせたのは実に三年ぶりのことだった。

特にこれといった話もせずに帰った佐々木に、利夫から連絡が入ったのは、それから半年後の一九八七（昭和六二）年の年初のことだった。

「このところ体調があまり優れない。人さまのところで苦労しているなら、私の会社に来てシンガポールで働いてみないか」

利夫は、そう言うのだ。

この祖父の申し出を受けた佐々木の中では、いろいろな思いが駆け巡った。

海外旅行の経験すらなく、もちろん英語を使ったことなどない。ビジネスの世界がどういうものであるか想像もつかない。スーツなど着たことがなかった。ただ漠然と、いつかは日本の外の世界を見てみたい、という願望は持っていた。言葉や文化が異なる環

境に身を置いたときに、果たして自分の内面はどのように反応し、いかに環境に順応してゆくのか、学生時代から大いに興味はあった。同時にいずれは独立して、小さな家具工房を持ちたいとも思っていた。それにはある程度の資金を貯める必要がある……。

明確な結論を出せないまま、こう返事をした。

「会社の役に立てるかどうかまったくわかりませんし、自分が仕事に向いているかもわかりません。とりあえず二年間経験させていただき、その結果でどうしていくのかを、改めて相談させていただけませんか」

その日、利夫は苦笑いしながら家族に、

「亮の奴、二年間と条件を付けてきやがった」

と話したという。

こうして佐々木は品川化工に入社する。前述のように小型試作機を使い、金属石鹸の製造条件を見つけ出すことが、最初にたずさわった作業だった。三カ月後にはシンガポールに向けて日本を発った。佐々木は二三歳であった。

この年、利夫は社長を長男の利昶に譲り、自分は代表取締役会長に就任した。

会長に就任し、孫をシンガポールへ派遣

海外進出をめざした高齢の利夫は、ほどなく自身の役割が終わることを自覚していたのだろう。だからこそ、身内に後継を託そうとしていたのである。そして、その想いを最も強く託されたのが、孫の亮であったようだ。

とはいえ、海外進出は端緒についたばかりである。

利夫は会長として日本から、全体を見ながら万全の態勢を敷いた。そして、まだまだ「海のものとも山のものともわからない二三歳の若造」が、どんな活躍を見せてくれるのかを楽しみにしつつ、その活動を見守っていたのである。

この後、しばしバトンを渡さんとする佐々木亮のシンガポールでの様子を追いかけてみよう。

当時のシンガポールでは、すでに述べた責任者である原と、佐々木よりひと回り歳上の先輩・清野宏美《せいのひろみ》の二名が現地駐在員として勤務していた。原がもっぱら営業・購買と管理を担当し、技術者である清野は生産と技術を担当していた。

「創業者の孫ながら、国内でろくに勤務経験を持たず、技術的な知識もない私を、原さ

んも清野さんも持て余していたに違いないと思います」

と、佐々木は言う。

人員も従業員三五名程度の小さな所帯で、佐々木はマネージャーの肩書がついた名刺を渡され、事務所勤務を命じられた。スレート葺きの平屋だった品川化工の社屋とは違い、レンガ造りで二階建ての随分と立派な社屋であった。

マネージャーといっても具体的に与えられた職務はなく、佐々木以外にオフィスで働いていたのは女性四名のみ。書類が雑然と段ボールの箱に入れられ、積み上げられている状態の事務所であった。佐々木は、まずは大掃除に取り掛かった。書類の整理をしながら、会社設立の経緯から事業展開、市況、業績の変遷など、仕事の全体像の把握に努めた。その一方で、手書き処理だった給与計算を、パソコンで自動計算してプリントアウトできるようにするなど、自分が貢献できることに集中する日々が続いた。

当時、会社が抱えていた最大の課題は、営業不振による売上不足であった。

そこで「何よりも売り先の開拓をしなければ」と考えた佐々木は、塩ビの安定剤の潜在的な顧客を調べ始める。英語は不自由ながらも、着任後二〜三カ月経つと日常会話程度はこなせるようになっていた。

まず、シンガポールの電話帳を繰ることから始めた。パイプや電線、建材など塩ビ加工メーカーをピックアップし、一社ずつ電話を掛けて、アポイントを取り訪問した。その当時の日本であれば、営業のイロハとしてマニュアル化されていた業務といえる。しかし、中小企業の現地法人には、そのような営業マニュアルはなかった。ただ、安直なマニュアルがなかったことは、予備知識なくビジネスの世界に入った佐々木にとって、かえって良かったのかもしれない。自らの頭で考え、課題を発見し、その解決に向けて行動する基盤を築くことに、大いに役立ったともいえるだろう。

佐々木は、自分で車を運転して行ける範囲のシンガポールとマレーシア南部から営業活動を始めた。それらの顧客のほとんどが、台湾の同業他社からの輸入品を使っていた。営業活動を始めて半年で、五社ほど新規顧客を獲得することができた。飛び込みでの訪問から始まり、顧客との雑談を通して関係を作りながら、先方のニーズの把握に努めた。顧客の要望がわかると今度はサンプルを試作し、テストをしてもらう。品質にＯＫが出ると、次に量産テストへと進み、最終的な合格をもらえるまで、地道にそのプロセスを繰り返していった。最初に注文を受けたとき、喜んだ佐々木は自らトラックを運転して製品を届けるほどであった。しかし、本格的に業績改善に貢献するには、まだまだほど遠い成果である。運転して営業できる範囲には限りがあるために、電話やファクシミリなどを使い、東南アジア域内の顧客への販売拡大も試みるが、実際に客先に足を運ぶことなしには、その成果も限定的であった。

しかし、佐々木はめげることはなかった。

「自分が動けば、動いた分の結果は出る。何もしなければゼロが一になることはない」

地道にわずかずつでも、行動すれば結果が出ることを体験した若い佐々木は、確実に成長していた。

その後も一軒一軒顧客にあたり、相手との商談を重ね、たとえ成約に至らなくても、同業者の名前や規模、その会社の特徴を聞き出しながら、手探りで業界の地図を作っていった。その手法は、後のマレーシアやオーストラリアへ進出した際にも同じだった。

それはまさしく佐々木が自ら編み出した「事業拡大メソッド」であった。

チャールズ・ビールとの出会い

佐々木がシンガポールに赴任して、まだ日が浅い頃のことである。ある日、事務所に、チャールズ・ビール（Charles Beal）という人物が訪ねてきた。安定剤に使われる原材料の売り込みが目的であった。

英国人のチャールズは、欧米化学品メーカーのアジア市場開発のコンサルタント業務を務めるかたわら、個人で商社業を始めたばかりのビジネスマンであった。そして、冒頭に紹介した一九九〇年に行われた創立一〇周年パーティーの席上、利夫が佐々木の指導者役を引き受けてくれていること、また会社の窮地を救ってくれたことへの感謝を込めて「天からの贈り物」と表現した人物である。

佐々木もまた、一七歳年長のチャールズのことを「ビジネスに関する知識のまったくなかった私に、一から手ほどきをしてくれ、導いてくれた師匠のような存在」と称賛している。

チャールズの経歴を見てみよう。多国籍企業の化学品メーカーであるオルブライト・アンド・ウィルソン（A＆W）社に勤務した後に、三〇代後半で独立し、その後まもなくにサンエースを訪ねたのであった。Ａ＆Ｗ時代には、中東、アフリカ、そしてアジア市場への販路拡大の仕事に携わった。二〇代後半に日本駐在を命じられ、日本支社、続いて韓国支社を開設し、それらの支店長に就任する。日本には六年間駐在し、その間にＡ＆Ｗが供給する亜リン酸のビジネスを通して、品川化工を知ることになる。その後シンガポールにあったＡ＆Ｗのアジア太平洋地域統括本部に副社長として異動となり、二年の勤務を経て独立した。

シンガポールの立て直しに貢献してくれたチャールズ・ビール。

購買は原の責任領域だったが、たまたま不在にしていたので、代わりに佐々木が応対することになった。英語での会話はスムーズにはいかなかったものの、チャールズは駐在経験を通して、日本人の英語には慣れていたのかもしれない。途切れ途切れながらも、思いがけず話題はプライベートなことを含め多岐に及んだ。

佐々木は、チャールズがなぜ自社の存在を知ったのか、またチャールズがどのような経歴を歩んできたのかを聞き、チャールズも佐々木の経歴を尋ねた。

佐々木は、大学を中退して家具職人をめざすことになった経緯や、自分が世の中にどう関わっていけるのかを模索していたことを伝えたという。

その模索の最中に、祖父の会社に入社した矛盾についても口にした。そこにはビジネスの話はなく、その時代を生きる想いや悩みに苦闘する青年の生の姿があった。

正直に自分の考えや行動を語った佐々木に、チャールズも胸襟を開き、彼自身のこれまでのことについて、同じく正直に話してくれた。

チャールズは六〇年代後半にニューカッスル大学で歴史学を学んでおり、当時世界的なムーブメントであった学生運動の盛り上がりと、その後の挫折のただ中で学生時代を過ごしていた。

「そのような背景もあって、当時の私が抱えていた問題意識や矛盾に、ある意味での親近感を覚えたのではないかと思います」

佐々木は、そう言う。そこには単なるビジネスや利害関係を抜きにした、互いの人間性に惹かれ合うものがあったのであろう。チャールズは、人生の先輩として悩める若者に共感し、パートナーとして共に現実のビジネスを進めながら、佐々木の成長に手を貸したいと思ったのではないか。

その後、チャールズと佐々木、サンエースとの関係は、利夫を含めた家族ぐるみの付き合いに発展していった。その交流の中で、佐々木は正統なイギリス英語を学ぶ機会を得ただけではなく、チャールズから幅広いビジネスの知識と経験を学んでいった。

具体的には「営業」と「戦略立案」の方法論が中心であった。

営業に関しては、サンエースの製品の特徴を考えたときに、顧客への直接販売を増やそうとするだけではなく、販売代理店網を拡充してゆくことも重要ではないか、とのアドバイスを受けている。

チャールズは、代理店起用の際の着眼点（会社の規模、営業マンの質、汎用品ではなく特殊化学品の販売に向いた社内体制となっているか否か）や、代理店に対して支払う口銭とその妥当性、メーカー営業としてどのように代理店の管理を行ってゆくのか、目標設定と進捗管理の手法など、ビジネスについてのさまざまなノウハウを授けてくれた。

先に述べた通り、当時サンエースが直面していた最大の課題は販売量の不足にあった。インドネシア市場をよく知るチャールズは、その豊富な経験を背景に、販路拡大に力を貸してくれることになった。A&W時代から付き合いのある地元商社を代理店として起用して、幅広い層の顧客への売り込みを始めたのである。代理店の社長であるソフィアンは、チャールズとはビジネスを通して二〇年近い付き合いであり、相互に深い信頼関係で結ばれていた。

当時の現地市場では、積水化学を含む二つの日系メーカーに販売していたが、それ以外の顧客はまったく未着手の状態であった。

佐々木は赴任翌年の一九八八年に、チャールズと共に複数回インドネシアを訪れている。一回の出張で二週間ほどかけてさまざまな顧客を訪れ、彼らの事業規模、作られている製品の品質レベル、使用されている加工機械の種類とメーカー、使われている安定剤の種類や価格など、可能な限り詳細に情報を聞き出していった。一日の終わりには顧客から得られた情報を整理し、議論するのが、チャールズとのルーティンとなっていた。

こうした作業を通して、佐々木はそれぞれの顧客が作る製品の品質水準から、マーケットを高・中・低のセグメントに分類してゆく。そこに各社の事業規模を照らし合わせ、ターゲットとすべき顧客リストを作成していった。市場の構造や同業者との競合状況を立体的に把握しつつ、販売に注力する対象を明確にしたことで、短期間で大きな販売実績をもたらす結果へと繋がってゆく。

事業改革レポート

佐々木はマレーシア、フィリピン、台湾、韓国、オーストラリアの市場でも、インドネシアでの学びを基に同様のアプローチを重ねていった。一年もするとそれらの市場で販売可能だと思われる数量の合計は、当時の生産量の三倍に達することがわかってきた。

しかし、果たしてそれだけの数量の生産を、実際にこなしきれるのか……。佐々木は、先輩で工場長の清野に相談した。清野は人員構成や工程能力を考えると、一挙に三倍の生産量をこなすのは難しい、と言う。

そのとき、「心配はいらないから、佐々木さんは売れるだけ売ってきなさい」と言って佐々木の背中を押したのが、シンガポール工場の製造部長でインド系シンガポール人のスパイヤー・アルムガン（Suppiah Arumugan）である。

彼は、シンガポール工場の創業前に日本で研修を受けた一人で、利夫が特に目をかけていた人物であった。佐々木が赴任したときには、利夫が研修中の自分を気にかけ可愛がってくれたこと、その恩に報いるためにも、日本人のように猛烈に働いたことから「周囲は私のことをBlack Japaneseと呼ぶ」と自己紹介するほど、利夫のことを尊敬していた。利夫が作った工場に自らの持てる力をすべて注ぎ込み、苦しいときにも全力で支え続けてきたという自負を持っていた。利夫の没後、スパイヤーは利夫の話をするときには、いつも涙を浮かべるほど心酔していたのである。

そのようなスパイヤーだからこそ、「どれだけの難題であっても必ず乗り越えてみせる」と言い切ったのであろう。

スパイヤーの力強い言葉を受けて、佐々木は、台湾の同業他社が席巻していたアジアの市場で、積極的な拡販策に打って出ることを決める。

東南アジア市場での防戦一方ではなく、佐々木は敵の本拠地である台湾市場にも乗り込み、代理店と共に島内中の顧客を訪ね歩いて回った。その際には、しばしば同業者も訪ねて回っている。市場で激しく敵対する競争相手であったが、佐々木が訪ねてゆくと、意外にも快く面談に応じてくれる同業者もいた。彼らの持つ業界観や市況観について直接話を聞けることは、とても貴重で大いに勉強となった。幾つかの同業者との間には信頼関係も生まれ、お互いに生産していない製品の取引も始まるようになっていった。佐々木はこの時期に、韓国やオーストラリアの市場も訪れ、域内すべての主だった顧客と同業者に面談している。これらの経験を通し、アジア市場全体を俯瞰する機会を得たことで、サンエースはより明確にめざすべき方向を意識するようになっていった。

赴任して二年が経とうとする頃、佐々木はそれまでに把握したシンガポール法人の問題点と課題、営業経験を通して感じられる今後の安定剤・金属石鹸市場の可能性、そのために必要であると思われる事業戦略などを記し、今後に向けての事業改革案を利夫に送った。それはレポート用紙三〇枚もの量となった。

佐々木は、このレポートをもって祖父・利夫に対する責任は果たし、一区切りをつけるつもりでいた。しかし、レポートを読んだ利夫は、

「亮が書いた通りにやってみなさい」

と、二五歳になった佐々木に言ったのである。

わずか二年足らずの経験とはいえ、佐々木はビジネスの世界に、少しずつ面白さを感じ始めていた。チャールズの薫陶を受け、清野やスパイヤーら仲間からの応援を得ながら、組織で働くダイナミズムと充実感を肌身で感じていたのだ。域内の有力顧客や同業者たちの間にも、仕事の枠を超えた個人的なつき合いが始まっていた。その辺りは、利

夫ゆずりであったのかもしれない。

こうして佐々木は、家具職人の世界には戻らず、サンエースの経営を担うことに腹を決めたのであった。

顧客別に配合した「ワンパック安定剤」が成功

佐々木が立案した戦略は、「同業他社に伍《ご》していくには、どうすればいいか」という議論をチャールズと繰り返すことで練り上げていったものだった。

当時のアジアでは、安定剤は単品の化学物質として主に四～五種類の安定剤が、スペックと価格だけで販売されていた。その配合次第で製品性能や生産効率が変わるのだが、どのように組み合わせて使うかは、それぞれの顧客のノウハウであった。

そこでまずは自社で、顧客が持つ配合ノウハウを上回る技術を獲得することに注力してゆく。そして、それぞれの顧客のニーズを的確に理解して配合設計した「ワンパック安定剤」を開発し、技術サービスと共に提供してゆくこととした。

東南アジアの各顧客では、数多くの台湾人技術者、工場長を抱えており、彼らが持つ安定剤配合のノウハウにより、パイプや継手が製造されていた。その背景には台湾の南亜塑膠工業股份有限公司（NAN YA PLASTICS）という大きな塩ビ樹脂・加工品メーカーの存在があった。南亜出身の技術者たちは一定の経験を積むと、華僑のネットワークを通して、東南アジアの各塩ビ加工メーカーに転職していった。南亜では技術者たちが自ら安定剤配合を設計する経験を積んでおり、そのノウハウが東南アジアにも持ち込まれていたのだ。

しかし単品での販売は、どうしても価格競争に巻き込まれてしまう。価格で獲ったビジネスは、価格で取り返されるのが常であり、何とかその循環から脱しなくてはならない。そう考え、すでに日本では一般的であったワンパック安定剤を導入することにしたのである。

ワンパックにすると、その中身は企業秘密のブラックボックスとなるので、単純に価格だけで置き換えることはできなくなる。

しかし、ワンパック安定剤は、当時のアジアではまだ一般的ではなく、また「技術の所有権」が安定剤サプライヤーへ移動するのを意味することでもある。このため多くの台湾人技術者の反発にあい、そう簡単には普及しなかった。だが、勝機はあると確信した佐々木とチャールズは、粘り強くワンパック安定剤のプロモーションを続けてゆく。

その一方で、自社の中でも、ワンパック技術の配合設計のできる技術者を育成してゆかなければならない。しかし、幸いにも清野がその技術に長けており、彼の指導でシンガポールの技術者たちを育ててゆくことができた。

域内への販売が広がり、収益が上がり始めてゆくと、先行投資として、何種類もの分析機器・試験機器を導入し、顧客の製造現場で起きている事象を再現できる体制を整えていった。ほとんどの顧客は高度な分析器を備えておらず、技術者や工場長のノウハウと経験に頼った生産を行っていた。そうした慣習を覆し、自社のワンパック安定剤の品質を認めてもらうためにも、顧客よりも圧倒的に配合技術に詳しくなる必要があったからである。

そして、その先行投資は見事に成功する。

一九八九（平成元）年一月には三〇〇ｔであった販売量が、年末までには一〇〇〇ｔにまで伸長した。すでに採算ラインに到達しつつあったシンガポールの業績は、これ以降、一挙に上り調子となっていったのである。

この東南アジアでの経験が、サンエースにとって、その後の海外展開の原点となったと言っても過言ではない。

シンガポール一〇周年記念式典

最大の課題であった販売量は急激に伸びたものの、増加し続ける需要量を賄ってゆくためには、当時のシンガポールの設備能力では足りなくなりつつあった。翌一九九〇年には、月次の販売量が一三〇〇〜一五〇〇tに達し、生産現場への負荷は限界に近づきつつあった。

現地の責任者であった原は、長年にわたる無理がたたり体調を崩し、前年末には帰国していた。

当時のシンガポールの従業員数は、すでに一〇〇名を超えており、それだけの規模の会社を回してゆくには、清野と佐々木以外に経験豊かなプロのマネージャーが必要だった。

そこでチャールズに入社を依頼し、ゼネラル・マネージャー（総支配人）の役割を引き受けてもらうこととなった。清野は引き続き工場長として生産・技術・購買を担当し、

シンガポール工場創業10周年記念の記念式典でスピーチする利夫。この段階では、まだ、マレーシア工場への開設は認めていなかった。

佐々木はコマーシャル・マネージャーの立場で営業・管理を担当、それぞれがチャールズに報告を上げる体制とした。

またこの年は、現地法人創立一〇周年にも当たっていた。

利夫は八四歳になっていたが、毎日のように品川化工に出勤していた。心配された体調も、シンガポールの業績が好転するにつれ回復し、週に一度のゴルフには欠かさず出掛けていた。

佐々木たち現地チームは、苦労続きの末にようやく黒字化したことを祝うとともに、さらなる事業の発展を願って「創立一〇周年記念パーティー」の開催を企画した。約二〇〇名の従業員とその家族が参加する社内式典と、各国の顧客やサプライヤー約三〇〇名を対象とした対外的なパーティーの二つである。もちろんその場には、利夫にも参加してもらわなければならない。

まず、利夫が定宿としていたホテルで社内式典が開催された。ここで利夫が、シンガポール進出に向けた思いのたけや、チャールズをはじめ従業員に対して感謝の念を語ったのは冒頭のとおりである。それを耳にしたチャールズが涙ぐんでいたのを、その場にいたものは目にしていた。

サンエースの創業前に日本で研修を受けた一人、スパイヤー・アルムガン。

サンエースメンバーの日本での研修。

シンガポール草創のメンバーたち

清野宏美

Dr.タン・ヒョックセン

ダニエル・プン

ダイアン・チュア

その翌日に行われた対外的なパーティーでは、利夫は入り口に立ち、来場者一人ひとりに丁寧にあいさつをしながら迎えた。そして、正子や娘の惇子に手助けされた原稿を手にして、一〇年にわたる苦難の道を思い浮かべながら、苦手な英語で堂々としたスピーチを行った。英語のスピーチは家族を前に何度も練習を重ねた。通訳を通してではなく、自分の声で直接その想いを伝えたかったのであろう。

年齢を考えると、「これが最後のシンガポール出張になる」という覚悟が、利夫にはあったのかもしれない。

一〇周年記念式典を挟んで、利夫は四日間にわたりシンガポールに滞在した。滞在中、利夫は佐々木からマレーシアでの工場建設の必要性を説かれ、追加投資の判断を求められた。

だが、シンガポール進出以来、資金面での苦労を重ねてきた利夫は、当然ながらその提案を言下にはねつけた。

「足元で少し業績が回復したからといっていい気になってはいけない。累積赤字もまだまだ残っている。まずは足元を確実に固めてから、次に進むべきではないか」

そう、強くたしなめたのである。

それまでの経緯を考えると、もっともな判断である。しかし、当時の東南アジア経済は急成長の只中にあり、佐々木はその勢いを日々肌で感じていた。

当時のシンガポールは、ＮＩＥＳ（新興工業国地域：Newly Industrializing Economies）の一角に数えられ、韓国、台湾、香港とならび、急速な工業化と経済成長を遂げていた。これらの国や地域は、一九八〇年代から一九九〇年代にかけて急速な経済発展を実現し、先進国と発展途上国の中間に位置する新たな経済グループとして認識されるようになっていた。

これらの国や地域は、高度な工業化、輸出主導型の経済戦略、そして国際市場への積極的な参入によって、著しい経済的成長を実現し、後に、ＮＩＥＳの呼称は中南米や欧州の国々（メキシコ、ブラジル、ギリシャ、ポルトガル、スペイン、ユーゴスラビア）も含むように広がり、経済のグローバル化とともにさらに広範な意味を持つようになってゆく。

一九七〇年代の石油危機や、それに続く世界経済の変動期をとおして、これらの国や地域は、革新的な経済政策を通じて、安定した経済成長を実現する。特に、製造業の高度化、外国直接投資の促進、技術革新への積極的な取り組みが、これらの地域の経済発展を加速させた。

そのような時代背景にあったシンガポールに身を置きながら、ＡＳＥＡＮ（東南アジア諸国連合）市場のポテンシャルを強く感じていた佐々木は、利夫の滞在中を通して粘り強く説得を続ける。すでにシンガポール工場の生産能力が限界に達しているために、思い切って新たな工場への投資が必要な段階を迎えていること。さまざまな可能性を検討した結果、隣接国のマレーシアでの工場建設が最も妥当であるということを執拗に訴えたのである。

利夫はシンガポールから帰国する日の朝、亮に向かって改めて問いかけた。

「お前はマレーシアに新しく工場を建設して、軌道に乗せられると本気で思っているのか。シンガポールで犯した失敗と同じ轍《てつ》を踏まないと言い切れるのか」

亮は利夫に向き合い、こう訴えたという。

「サンエースがなぜ事業立ち上げに苦労したのか、何が足りなかったのか、三年間の経験を通して理解しているつもりです。これだけの苦労や失敗を踏まえての挑戦ですから、次は必ず成功させる自信があります」

「資金は出さんぞ。それでもやれると言うのなら、好きにしてみるがいい」

利夫は、その挑戦を許可した。
これは利夫にとって「後は任せたぞ」との意思表示をした瞬間だったのかもしれない。
利夫にとって、これが最後のシンガポール出張となった。

第4章　グローバル企業へのバトンを次代へ

オーストラリアへの進出

帰国した利夫は、正子に向かって、

「二年で辞める云々と口にしていた亮の奴は、もうすっかり手に負えないことになっているぞ」

と、嬉しそうにぼやいていたという。

そしてこの年、利夫はシンガポール法人の代表取締役社長を佐々木に譲った。

名実ともに海外進出の先頭に立った佐々木の活躍は続く。

サンエースが推し進めたワンパック戦略は、アジア市場でその付加価値が徐々に理解され始め、差別化戦略はみるみる成功していった。

佐々木は、シンガポールを起点とした海外事業の拡大策戦略をさらに推し進めてゆく。

まずは、新たな工場建設候補地を求めて、マレー半島各地の調査を始めた。その矢先の一九九一（平成三）年の年初、突然、オーストラリアの会計事務所から連絡が入った。

現地に工場を構える同業のグレートン・テクノロジー（GREATON TECHNOLOGY）

社が倒産したとの一報だった。連絡をくれたのは管財人を務める会計士で、同社を救済できる可能性のある事業者リストを基に、各社にコンタクトを取っている、というのである。

すでに、事業拡大のためにオーストラリア市場にも営業の手を広げており、同業者であるグレートン・テクノロジー社とも製品取引を始めていた。その関係でリストに名前があったのである。

当時のオーストラリアは、環境問題への関心の高さから、世界で最も早く安定剤の脱重金属化が進んでいた。市場規模としてはそれほど大きくないものの、欧米の各メーカーが最先端の技術を投入して競い合っており、戦略的にも重要な市場であった。やがて主流となる環境技術を磨くためには、オーストラリアへの進出は絶好の機会でもあった。

管財人は欧米の同業他社を含めた六社の中から、入札によって引き継ぐ会社を選びたいという意向を示した。佐々木はチャールズとも話し合い、入札に参加する意向を固めると利夫に掛け合った。

相談を受けた利夫は、

「どうせ亮のことだから、一旦言い出したら簡単には引かないだろう。まぁ、行き掛けの駄賃だな」

と、笑ってすんなり提案を受け入れた。

三〇枚のレポートやマレーシア工場の議論を通して、利夫は佐々木に海外での仕事は任せる気持ちになっていたのであろう。それはまた、次にバトンを渡すに足る後継者として認めていたともいえる。その判断の背景には、もちろんチャールズの存在も大きかったに違いない。

入札価格の算定は、知り合いの公認会計士に依頼した。

グレートン社はオーストラリアのメルボルンに工場を持ち、その持株会社は香港にも別法人の塩ビ安定剤工場を構えていた。チャールズはオーストラリアへ、佐々木は清野と二人で香港に飛び、それぞれの会社の実態を精査し把握する作業に取り組んだ。

香港の工場を見て回った清野は、「確かに化学工学的にはユニークで革新的な技術かもしれない。しかしどうみても生産効率が悪過ぎて、ビジネスとしては成り立たないのではないか」と、同社の問題点を一瞬にして見抜いていた。ケミカル・エンジニアとして、実に秀逸な洞察力である。清野の判断によって、香港工場の買収交渉からは撤退する展開となってゆく。

一方、オーストラリアでは、すでに入札が行われる段階に達していた。

ある晩、香港にいた佐々木のもとにチャールズから電話が掛かってきた。管財人によると、入札の結果一番の高値を付けたのはヨーロッパ企業で、サンエースは二番手だというのである。しかし、年配の管財人は、次のようにチャールズに持ち掛けた。

「グレートン社や社員の将来を考えれば、多国籍企業に売却するよりは、あなた方に任せた方がいいように感じる。私はこの案件で仕事からは引退するが、最後に関わった人たちだけに、是非とも幸せになってほしいと願っている。一番手との差額を上積みするのであれば、この会社の運営をあなた方に任せたいと思うが、どうであろうか？」

電話口のチャールズは明らかに戸惑っていた。

差額は一〇〇〇万円にも満たないが、それを認めた瞬間に、大きな責任とリスクを背負い込む可能性があるからだ。

「もし引き返すのなら、いまこの瞬間しかないと思う」

と、佐々木に問い掛けてきたのだった。

香港のホテルの部屋で、チャールズの電話を受けた佐々木は、生まれて初めて身の丈にある判断をする緊張感と恐怖感を味わっていた。

ここで引き返せば、マレーシアのプロジェクトに専念できるし、余計なリスクを回避できる……。しかし、と自らに問いかけた。

自分たちは、なぜ、いまこの状況に立っているのだろうか？

客観的に事業の将来性を評価して、環境技術を磨く場として、経営戦略の視点からオーストラリアに拠点を構えるべきだと考えたからではないか。そして何より自分たちの判断を、利夫が信頼してくれたからに他ならない。

佐々木はチャールズにこう伝えた。

「あなたと私の判断を利夫が信頼してくれたからこそ、いま我々はこの分岐点に立っている。利夫の信頼と期待に応えるためにも、我々は先に進むべきだと思います。差額を上積みすることを管財人に伝えましょう」

こうしてサンエースは、マレーシアの前に、オーストラリアのメルボルンに海外二拠点目となる工場を構えることとなった。

ちなみにこのときに、サンエースはロゴのデザインを変更している。オリジナルのロゴは佐々木の父・仁がデザインしていたが、それはSUN ACE KAKOHの頭文字をとった『ＳＡＫ』をベースとしてものであった。しかしオーストラリアで買収した新社はサンエースオーストラリア（SUN ACE AUSTRALIA PTY. LTD.）と名付けられ、マレーシアで建設中の会社やその後の展開を考慮すると、ＳＡＫでは具合が悪い。

学生時代には反抗する息子に戸惑っていた仁であったが、品川化工に入社することが決まってからは、全面的に佐々木を応援する姿勢に転じていた。「会社の将来を考えたときに、ロゴはＳＡＫではなくSUN ACEをベースにしたデザインに変更した方がよいと思うのですが……」と佐々木から相談を受けた仁は、SUN ACEの『Ｓ』をモチーフとした現在のロゴを考案している。その版下は母親である浩子が手掛けた。ロゴが完成したのちに、外部のデザイナーに依頼すれば掛かるであろうデザイン料を支払おうとすると、仁は笑いながら「出世払いでいい」と受け流した。

それからの三〇年間、サンエースの事業が世界各地に広がり、ロゴマークが入った新しい工場の写真を見るたびに、仁はとても嬉しそうな顔をしていたという。

アカデミアとビジネスという、まったく別の世界に身を置いた親子であったが、その後は週末ごとに酒を酌み交わし、いつしか互いを尊重し認め合う関係になっていた。工業デザイナーとしての実績がありながら、〝幾何学的な形〟の不思議さ、奥深さに興味を持ち、大学での教育・研究職についた仁の生き方に対して、佐々木の中で、その理解と敬意は深まっていったのである。

仁は東京芸術大学を退官する折に、「これからも幾何形体を見つめながら、造形の構造と成り立ちを考えていこうと思う」と書き記している。

二〇二二年八月に九〇歳で他界した仁に、かつての教え子であった村松俊夫(山梨大学名誉教授・放送大学特任教授)は、次のように追悼文を寄せている。

「いつまでも佐々木先生は、遥か彼方の時空間で、何物にも何人にも惑わされずに、まだ見ぬ『純粋な形』を求めて思索を続けていることでしょう」

マレーシア工場の建設

オーストラリアの会社は順調に収益を上げていった。

すでに利夫は、八〇代半ばに差し掛かっており、亮が海外で生き生きと活躍している様を、日本から楽しみに見ていた。

投じた資金はわずか二年間で回収することができた。同社が管財人管理に陥ったのは、オーストラリアの事業に問題があったからではなく、清野の見立て通り香港工場の採算性が非常に悪く、結果的に持株会社が倒産したことに原因があったのだ。

オーストラリアの現地責任者はレイ・デムジェック（Ray Demczuk）だった。

彼は、地元の高校を卒業した後、アメリカのフェロー社（FERRO CORPORATION）のオーストラリア法人で、塩ビ安定剤部門に就職していた。品質管理の仕事をしながら夜学に通い、学位を取得した苦労人であった。その後、仲間三名で安定剤工場を立ち上げ、独立する。

オーストラリアの現地責任者となったレイ・デムジェック。

しかし、仲間内で経営方針について意見の違いが生じたこともあり、数年後にはグレートン社に事業を売却したのである。常に現実的で地に足の着いた議論をする一方で、ユーモアに富み、周囲を魅了するキャラクターを持つ人物であった。

清野は、日本やシンガポールでも手掛けていた環境技術を基に、レイをはじめとする新しい仲間たちと、欧州勢に席巻されていた安定剤の脱重金属化の仕事に取り組んだ。

佐々木は、仕事がうまく回っていたオーストラリアはチャールズやレイに任せ、マレーシア新工場の設立に再び奔走し始めた。

佐々木のその奮闘ぶりは、晩年を迎えた利夫を大いに喜ばせた。

新工場の立地は、シンガポールに隣接するマレーシアのジョホール州に決めた。各国からの投資ラッシュで従業員が定着しない大きな工業団地は避けて、国境から一二〇㎞ほど内陸に入ったクルアン（Kluang）という街に、愛川工場、シンガポール工場と同規模の五〇〇〇坪の土地を取得した。クルアンは人口二〇万人ほどの街であった。工場の周辺には、シンガポールでは見られない自然が広がっており、その山や川の風景は丹沢山系の麓に位置する品川化工の愛川工場を想起させた。

現地でのプロジェクトは、マレーシア政府からの許認可の遅れなどで、だいぶ手間取ったものの、建設工事自体は順調に進んでいった。

佐々木は、工場稼働後に税制の優遇措置を得るために、マレーシア投資促進庁（ＭＩＤＡ＝Malaysian Investment Development Authority）の長官にも面会している。

前章でも触れたが、安定剤や金属石鹸の主原料の一つはステアリン酸である。日本で牛脂を使っているように、世界的にも牛脂由来の製品が広く使われていた。

利夫はシンガポール工場の設立と共に、マレーシアやインドネシアで採れるパーム油由来のステアリン酸に切り替えていた。これは、安定剤や金属石鹸業界では初めての試みであった。

利夫が常々口にしていた、「世界初の試みを成功させた」ということを強調して、佐々木はMIDAの長官に五年間の税金免除（パイオニアステータス）の申し入れを行ったのだ。

「マレーシアで採れるパーム油を原料としたステアリン酸を、工業用途として業界で使ったのはサンエースが世界で最初です。それを契機として他の工業分野でも、パーム油ベースのステアリン酸が世界中で使用されるようになってきています。お陰様で私たちのビジネスも順調に伸びており、この度は原料産地である貴国にて、新工場を設立する運びとなりました。つきましては五年間の免税措置（パイオニアステータス）の適用をお願いしたいと思います」

長官は穏やかな表情で話を聞いていたそうだ。この申し出が功を奏し、結果的に五年間のパイオニアステータスが認められることとなった。

この経緯を利夫が佐々木本人から直接聞いたのは、八六歳を迎えた一九九二（平成四）年の秋、夕食時のことだった。

滅多に驚くことのない利夫であったが、このときはいささか慌てながら、長官との会話の内容を何度も聞き直したという。利夫が社内で自慢気に吹聴していた「世界で初めてパーム油脂肪酸を使った」という話を、まさか孫がマレーシアの政府機関の長官に伝えて、免税措置を求めるとは思ってもみなかったのであろう。

台所で夕食の支度をしていた正子を呼び、

「おい、亮はとんでもない奴だぞ。マレーシア政府相手に、税金を免除するように交渉してきたらしいぞ」

と、嬉しそうに話した。利夫の波瀾万丈の人生に付き合ってきた正子は、

「まぁ、あなたの孫なんですから、それくらいのことはするでしょうよ」

と、笑って受け流した。しかし利夫は、重ねて興奮気味に「何だか面白いことになってきたぞ。見ていろ、俺の人生はまだまだこれからだぞ」と独りごちて、正子を呆れさせた。

グループ経営会議の開催

日本の品川化工から始まり、シンガポール、オーストラリア、そしてマレーシアと、各地に広がりつつある事業の詳細を、誰か一人が掌握してゆくには限界がある。

幸い海外ではチャールズやレイをはじめ、多国籍企業で経験を積んだ優秀な人材が次々に集まってきていた。そこで年に何回か、これらのメンバーが集まり、相互に現地の経営状況を報告し合い、共通の経営課題を討議する場を設けることになった。

第一回のグループ経営会議（Executive Committee Meeting）は、一九九三（平成五）年四月に日本で開催された。英語と日本語での協議であったために、会議は六日と七日の二日間にわたって行われた。

日本からは利昶たち役員五名と、前年から利昶を秘書として支える三女の惇子が参加し、海外からはチャールズやレイら五名が参加した。

惇子に、利昶を秘書として支えてほしいと依頼したのは佐々木だった。

利夫はとてつもないエネルギーと先見性を兼ね備え、同時に柔軟な思考を持ったリーダーだった。晩年になっても思考の柔軟さは衰えることがなく、遥かに年下の役員たち

1993年4月に初めて開催されたグループ経営会議。それは、現在まで続く「マトリックス型組織」の開始されたときでもあった。
参加メンバー後列左から、レイ・デムジェック、チャールズ・ビール、伊達徳夫、篠崎晃、藤田三男、清野宏美
前列左から、藤田裕、西尾章（製造部長）、川原祐（営業部長）、Dr.タン・ヒョックセン、吉田利昶、細谷惇子、佐々木亮

もたびたび舌を巻くほどであった。

一方、品川化工の社長を継いでいた利昶は、利夫とはまったくタイプの違う温和なサーバント・リーダーシップを地でいくような人物だったといえるだろう。

当時の品川化工には財務的な経営課題があり、かつ海外での事業拡大を図っていくうえで、迅速な経営判断が求められる状態にあった。そのような環境ではボトムアップ的なリーダーシップよりも、まだまだ利夫のような強いトップダウンが必要とされていたことも事実だった。

しかし、利夫がいつまで現役で仕事ができるかはわからない。利夫に万一のことがあった場合、国内と海外のグループ会社がバラバラにならないように、利昶が国内外のグループ会社をまとめてゆく必要がある。

将来的な合議制の経営体制に移行する下地づくりの第一歩が、グループ経営会議の開催であった。それを成功に導くためのキーパーソンとして惇子は必要な存在であった。

惇子は、英語が達者で、長くゼネラル石油やいすゞ自動車で外国人の役員の秘書をしていた経験があった。語学力はもちろん、実務のサポートを考えても申し分がない。加えて、利夫にすれば娘であり、利昶にとっては妹、さらに海外を任されている佐々木には叔母である。この三者の間を上手にまとめ、互いの意思疎通の仲介をしてくれることも期待できた。

第一回の経営会議は、互いに緊張しややぎこちない会議だったという。

国内で続く赤字に関しては表面的な説明に終始し、具体的な是正措置や改革案が提示されることもなかった。

しかし、ともあれ包括的なグループ経営の会議体は発足した。年に二回は直接顔を合わせ、それぞれの状況を報告し合うことができる。喫緊の課題は、親会社の経営状況を子会社の経営陣が把握することだった。あまり例を見ないことではあったものの、少なくともこれでグループ全体の意思疎通や問題の共有ができるようになった。

利夫の死

一九九二(平成四)年の暮れ頃から、利夫は体調の優れない日が続くようになった。朝、迎えの車がきてもなかなか起きられずに、一一時くらいに家を出て会社に行くような日が続いた。

それでも好きなゴルフはやめず、翌一九九三（平成五）年の一月にも週に二回はグリーンに出ていた。

「一〇〇歳まで生きる」と周囲に公言していた利夫は、体調を整えるために指圧やマッサージ、カイロプラクティスなどの施術を毎週受けていた。七〇代になってからも、真向法という股関節を中心とする柔軟運動を取り入れて、積極的に健康管理に取り組んでいた。ゴルフも健康維持の一環で始めたという。

そんな利夫が、北里病院で精密検査を受け、肺癌であることがわかったのは二月のことだった。シンガポールにいた佐々木は、母の浩子からの電話でそのことを知った。医師によると、すでに処置の施しようがない状態だとのことであった。

亮は直ちに帰国し、入院していた北里大学病院に利夫を訪ねた。

急な入院で本人も戸惑っていたようだが、祖母の正子と一緒に訪れた亮の顔を見た利夫は、嬉しそうな表情を見せ、

「お、幸せを呼ぶ男がきたな」

と、大きな声を出して笑った。

それから二カ月後の一九九三年四月一三日、利夫は息を引き取った。享年八六歳で

あった。

シンガポール進出以来、七〇歳を超えても苦労が絶えず、生涯を通して奮闘し続けた人生であった。ようやく経営状態が安定し始め、やっと一息つけると思っていた矢先に、今度は孫からさらなる事業の拡大を持ち出され、大いに戸惑っていたに違いない。

青雲の志を抱いて一四歳で上京し、苦学しながら、森矗昶との出会いを経て、自ら事業を立ち上げた。人々が働く場を確保し、天下国家に尽くすことをめざして、ひたすら努力を続けてきた生涯であった。

利夫の社葬には、彼の交遊関係の広さを表すように、積水化学や新日鐵の社長をはじめ、昭和電工の関係者など、実に一〇〇〇人を超す人々が弔問に訪れた。

利夫が亡くなってから四カ月が経った、一九九三年八月、マレーシア工場が竣工を迎え、現地では数多くの来賓を招いての記念式典が行われた。

二〇二三（令和五）年。マレーシアの現地法人は、創立三〇周年を迎えた。その記念式典で会長になっていた佐々木は、こうスピーチをした。

「サンエースはいまから八三年前に、私の祖父によって設立されました。とても大きなビジョンを持った人物でした。彼が亡くなった三〇年前の四月、私たちのマレーシア工場は試運転の最中でした。彼が工場の完成を目にすることはありませんでしたが、きっと立派に成長した今日の姿を誇りに思ってくれているでしょう。

私たちは現在一二カ国の二一の拠点で、三〇カ国の国籍の仲間たちと仕事をしています。創業の地は日本ですが、会社の運営はこの会場にいる多様な文化背景を持つ経営陣によって支えられています。

私たちは皆それぞれ異なるバックグラウンドを持っています。仕事を通して私たちの意見が対立することもしばしばあります。私たちは自分の持つ経験や常識(価値観)を基に判断しがちです。しかし私の常識は、あなたの常識、彼女の常識、また彼の常識とも異なるかもしれません。だからこそ私たちは多くの時間を掛けて、理解を深めながら、論理的で相互に受け入れられる結論を見出してゆかなければならないのです。

それは簡単なことではありません。このように面倒な手続きを踏むことは、私たちの会社の弱みでしょうか?　いいえ、これこそが私たちの強みなのです。多様性、相互の信頼、そして違いを乗り越えて共に働くことができる力こそが、私たちの最大の強みなのです。

この価値観こそが、今日のサンエースを作り上げてきたのです。これこそが私たちが仲間と共に、大切に育ててきた企業文化なのです。

私はこれが若い同僚たちに受け継がれ、そしてまたその次世代へと受け継がれてゆくことを心から願っています」

利夫からバトンを引き継いだ佐々木は、このとき自分が語っていたのは、まさしく利夫から受け継いだ価値観であったと思った。世のため、人のため、不撓不屈の精神で努力する利夫を間近で見て育った佐々木は、亡くなって三〇年の時を経ても、なお利夫の熱い想いに突き動かされている自分に、改めて気づくのであった。

グループ経営体制がスタート

創業者である吉田利夫を失ったことは、会社にとって大きな損失であったが、それはまた、次代へ向けてのスタートでもあった。

利夫が亡くなった翌年の一九九四（平成六）年三月。サンエースの幹部は、シンガポールのセントーサ島にあるホテルに三日間缶詰めになって会議を開いた。参加したのは、チャールズ、レイ、清野、佐々木。そして、チャールズの後輩で技術担当のDr.タン・ヒョックセン（Tan Hiok Seng）、営業担当のダニエル・プン（Daniel Poon）、経理担当のダイアン・チュア（Diane Chua）を加えた七人である。

利夫が晩年にシンガポールに足場を築いたサンエースのグローバル戦略を、どのように引き継ぎ、継続、発展させていくのか。今後のグループ経営の在り方について討議を重ねたのだ。

七人は、グループのあるべき姿、ありたい姿、どのような経営体制をめざすべきかなど、思いのまま意見を出し合い、議論を繰り広げた。人種、国籍、年齢、経験にとらわれず、それぞれが真剣に議論に参加する姿には、今日まで続くサンエースの意思決定スタイルの原型をみることができる。

利夫亡き後、会社の基本的価値に関する議論が海外で行われたのは、すでに会社がグローバル化への歩みを始めていることを示しているといえよう。

セントーサ島は、いまでこそシンガポールの一流のリゾートとして知られているが、当時はさびれた観光地といった風情の島だったという。

日本で言うなら、平均的な温泉旅館のようなイメージであったのだろう。

このホテルは比較的眺めがよく、会議室の窓からも南の島の美しい青空や海が見えた。しかし、そんな景色を気にも留めず、朝から晩まで真剣に議論を重ねたのだった。

特にビジョンに関しては、そこに使われる言葉の一つひとつの定義を明確にして、丁寧な議論をしていった。

当時、グループでは塩ビ安定剤と金属石鹸、そして酸化鉛の生産を行っていたのだが、策定したビジョンでは、自分たちの事業領域の定義として、塩ビ、プラスチック、安定剤といった単語に触れていない。確かに会社の出発点は酸化鉛や塩ビ安定剤に違いないが、今後進んでいきたい方向性を「特殊添加剤とそれに付随するサービス分野」とし、可能性を大きく模索してゆこうと考えた。

グループがめざそうとしている「多文化企業」についても、長時間の議論を経て「多文化のチームワークとパートナーシップ」という表現で盛り込まれた。

さらに、この会議の場では、すでにオーストラリアで起きていた安定剤の脱鉛化の動きを受け、「酸化鉛や鉛安定剤単品設備への追加投資は行わない」という方針も決めている。

決して抽象的で理念的な議論だけではなく、具体的な戦略や方針についても熱量の高い議論を交わしたのであった。
そうして、これらの議論から、今後グループが掲げるべきビジョンとミッションを採択した。

【ビジョン】
私たちは多様な文化的背景を持つ仲間たちと共に、国境を超えたダイナミックな成長を遂げてゆく。私たちは特殊化学品とそれに付随するサービス分野で、各地のニーズに応えることで、世界のリーディングサプライヤーをめざしてゆく。

【VISION】
We believe in dynamic growth through our multi-cultural teamwork and partnership. We aim to be a world leading supplier of Speciality Additives and Services by focusing on multi-regional market needs.

ビジョンに記した「multi-cultural teamwork and partnership」は、一つの文化や価値観に縛られることなく、多様性を自分たちの強みとして成長していく、という宣言であった。

また「特殊添加剤とそれに付随するサービス分野」は、資本力の多寡がものを言う汎用化学品分野には参入せず、あくまでも特殊添加剤の分野で、開発力と技術営業力によって勝負してゆくという、事業領域の定義づけであった。その後、さまざまな投資案件や買収案件に遭遇したときに、自分たちで定義づけた事業領域と対象事案が合致しているかどうかを、基本的な判断基準にしていったのである。

「グローバル企業になっていくサンエースの基礎、体制を決めた会議だったと思います」

シンガポール工場の設立当時から生産と技術を担ってきた清野宏美は、そう言う。

このセントーサ島の会議は、サンエースにとって大きな転機になったことは間違いない。

シンガポールの人材たち

セントーサ島での会議に加わった新しい三人について紹介しよう。

Dr.タンは、技術担当として、チャールズと同じA＆W社から入社した。彼はシンガポールの大統領奨学生として米国ペンシルベニア州立大学に留学。化学工学の博士号を取得した後にＡ＆Ｗ社に入社し、新プラント建設から操業までを経験。その後は中堅化学メーカーのシンガポール支社長を務めていた。

高学歴の技術者といった印象はまったくなく、ざっくばらんで冗談好き。とても気さくで、明るい性格の持ち主であった。

ダニエルは、営業担当として入社した。

ダニエルは地元の南洋工科大学を卒業し、サンエースの顧客であったＳＰＣ社（SINGAPORE POLYMER CORPORATION、現TEKNOR APEX）に勤務していた。その後、独立して個人商社を経営しており、Dr.タンの友人でもあったＳＰＣ社の社長から紹介を受けて入社した。

天性の営業マンであり、どのような相手に対しても波長を合わせ、しっかりと仕事を取ってくる仕事人であった。

Dr.タンとダニエルは、チャールズと同じく四〇代後半だった。

彼らより一五歳ほど若いダイアンは、高校を卒業後、米国エアコン大手の子会社に経理担当として入社した。しかし経理の数字だけを追っていても全体は見えないと、工場の管理業務に配置転換を希望。二六歳のときには部下二〇〇名を統率する工場長へと、異例の抜擢をされている。

同社がシンガポール工場の閉鎖を決めたとき、彼女は会社を代表して部下たちの説得にあたり、全員を円満退職に導いた。工場閉鎖後には本社での管理職ポストを提示されていたが、彼女はこれを断り、サンエースの経理担当者の募集告知を見て応募してきた。

「サンエースは、それまで私がいたアメリカの多国籍企業とは違い、小さな会社でした。でも、規模が小さいからこそ経理だけではなく、製造を含むさまざまな分野でも、貢献できるのではないかと思ったのです。そうすることで、自分も成長していけるのではないかと感じたのです」

ダイアンは応募の理由を、そう話す。

彼女はすでに結婚していて、幼稚園に通う子を抱えながら、通信制大学での学位取得をめざしている最中でもあった。仕事に加えて子育て、家事、勉強と、息つく間もないほど多忙な日々を送る、タフな女性だった。

ビジョン実現に向けたシンガポールの動き

ダイアンはサンエースに入社後、まもなくして開催されたセントーサ島の会議に参加している。現在はシンガポールとマレーシア拠点の責任者を務めながら、グループ全体の財務を統括する彼女の仕事歴を辿ると、ビジョン・理念の実現に向けたサンエースの動きがよくわかる。

ダイアンは「私の経歴の中で、最初の八年間は基本フェーズだったと思います。この期間に多くのプロジェクトや業務の最適化に着手しました」と言う。

まず、一九九四（平成六）年から九五（平成七）年にかけて新しい技術棟と倉庫の建設、オフィスビルの増改築を行った。これは、サンエースの将来の事業拡張を見越して実施されている。

並行して在庫システムの見直しも行った。ダイアン曰く、「受け取った文書、発生したミス、非効率なドキュメントフロー手順を精査したところ、既存のシステムは、効率的ではないと判断しました」。しかし、スタッフたちが、慣れ親しんできたシステムからの変化を好まなかったのは、よく見られることである。ダイアンは、そうしたスタッフたちに新しい手順の効率性について、一人ひとり納得させていった。そのプロセスには多大な時間と労力がかかったが、努力が実り、現在の効率的な在庫システムを築く基となったのである。

その一方で、ダイアンは国際標準化機構（ＩＳＯ）による品質マネジメントシステムの中核となる規格「ＩＳＯ九〇〇〇」の認証取得にも奔走していた。当時は、まだＩＳＯの認証取得は一般的ではなく、取得成功によって内外の信頼が高まった。そうなると社内にはさらにレベルアップをめざそうという機運が高まり、シンガポールは一九九九（平成一一）年に、マレーシアは二〇〇〇年にＩＳＯ一四〇〇〇の認証を取得している。さらに〇五（平成一七）年には、両社ともにＯＨＳＡＳ一八〇〇〇を取得したのである。

ＩＳＯ認証を取得するためには、会社全体が関与することになる。これらは作業手順の標準化をもたらすと同時に、会社全体の作業プロセスを最適化し、合理化するための基盤にもなる。業務プロセスを継続的に見直し、合理化したことで、会社はより効果的、かつ効率的な方法で運営されるようになっていった。ダイアンは、その後のサンエースの国際展開に不可欠となってくる社内システムを、基礎から作り上げていった。

リージェンス社との取り組み

一九九五（平成七）年末から九六（平成八）年初頭にかけてリージェンス（REAGENS）社が、また九八（平成一〇）年には三菱商事が、シンガポール法人の株主になった。親会社である品川化工の経営状態はその後も改善されず、経営破綻の可能性が懸念され始めるに至っていた。会社の資産は次々と売却され、赤字補填に回されていたが、それでも充分ではなかった。ついにはサンエース株を、外部に売却することで急場を凌ぐことを余儀なくされる。しかし海外事業を展開するサンエースは、品川化工の事業戦略にとり死活的に重要である。経営の主導権を維持するためには、少なくとも過半数の株式を保有し続ける必要がある。少数株主を探す作業は困難を極めたが、欧米の四社との売却交渉を試みる中で、リージェンス社との包括的提携が決まった。単に株式を売却して品川化工に資金を入れるだけでなく、サンエースにとり新規事業分野への展開も視野に入れた提携を結ぶことができたのだ。その合弁契約書作成を佐々木とともに担ったのもダイアンであった。

一九九五（平成七）年の年末、佐々木はリージェンス社の製品をアジア域内で販売する準備に取り掛かった。

リージェンス社のオーナー社長のDr.エットレ・ナニ（Ettore Nanni）は佐々木より四歳年上だった。彼は、二六歳のときに創業者の父親を亡くし、社長の座に就いていた。ボローニャ大学で化学を修め、イタリア語、英語の他に、ドイツ語、フランス語、スペイン語を操る、才気溢れる若手経営者であった。エットレと佐々木は年齢が近かったこともあり、出会って間もなく互いに打ち解けている。

リージェンス社は、主にヨーロッパの顧客を相手とするメーカーである。それゆえに、まったく異なる技術的要求や低水準の価格を求めてくるアジア市場への対応は鈍かった。顧客との間に挟まれて、サンエースの技術、営業とも対応には苦慮していた。トップ同士の関係は良好であるものの、現場での摩擦や軋轢《あつれき》は数年にわたり続いてゆくこととなった。


後から判明したことだが、リージェンス社の対応が鈍かった背景には、同社の急激な事業拡大が影響していた。サンエースへの投資を決めた前後の一年で、滑剤を主業とするイタリアのコミエル社（COMIEL）の吸収合併、イギリスでの塩ビ安定剤の合弁事業設立、フランスでの酸化防止剤事業の合弁事業設立など、経営資源の限界を超えた投資活動を行っていたのである。

アジアからの細かな要求に応じる余裕などあるはずがなかった。

リージェンス社は、その二年後には売上高の一割を超える損失を出す経営危機に陥り、大規模な事業売却とリストラを迫られる局面に追い込まれている。事態の収集までにはさらに数年を要することとなった。

さて、新しい株主が参入すると、期待値や経営方法が変わる。ダイアンは、佐々木や弁護士と緊密に連携しながら、合弁契約書の作成作業にも携わることとなる。そして、

「新しい株主のニーズを理解し、その価値を認めることが重要なのだと気づかされ、ビジネスに対する視野が広がり、合弁契約への法的理解も深まりました」

と、その経験が成長の糧になったと述懐する。

この間に、九六（平成八）年三月のグループの財務担当を皮切りに、九七（平成九）年二月に財務マネージャー、九八（平成一〇）年一月にはシンガポールの総支配人代理を歴任したダイアンは、

「これらの業務最適化プロジェクトや合弁事業設立の経験を通じて、私自身はもちろん

チームも驚くほど成長し、深い洞察力を得ることができました」
と語る。

全社一体、チームワークで危機に臨む

一九九七（平成九）年七月、アジアは通貨危機の嵐に襲われた。いわゆるアジア通貨危機である。タイを震源としてアジア各国に伝播した自国通貨の大幅な下落および経済危機をもたらした。同年五月中旬、ヘッジファンド等の機関投資家によるタイ・バーツの大量の空売りを受け、タイ中央銀行は通貨相場を安定させるための為替レートの維持（ドルペッグ制）、自国通貨であるバーツ防衛のためにバーツ買いの為替介入を実施する。しかし外貨準備のドルが枯渇し、七月二日、ドルペッグ制から変動相場制（管理フロート制）への移行を強いられた結果、バーツは対ドル相場で急落してゆく。

通貨の急落は、同じくドルペッグ制を採用していたマレーシアやインドネシア、韓国にも波及してゆく。タイ、インドネシア、韓国はＩＭＦ（国際通貨基金）や世界銀行、アジア開発銀行等の支援を受けることになる。支援の条件としてＩＭＦが課した緊縮

財政や高金利政策の結果、これらの国々はマイナス成長に陥り、タイとインドネシアでは政権交代に繋がってゆく。

その混乱の中で、サンエースも嵐に巻き込まれた。市場での信用収縮から、銀行が貸出資金を抑制したことを受けて、サンエースは資金保全とコスト管理を徹底した、危機管理モードに移行する。会社全体は一元管理され、社員全員があらゆるビジネスの獲得に集中して全力を尽くした。会社全体が一丸となってチームワークに徹したことで、状況は的確にコントロールされ、予想をはるかに上回るパフォーマンスを実現することができた。

財務マネージャーとしてその中心で采配を振るったダイアンは、通貨危機を乗り越えたとき、従業員たちに会社として感謝の気持ちを示した。

しかし、危機を乗り越えたその年の暮れに、総支配人のDr.タンが脳梗塞で倒れる。突然リーダーが不在になったことで、会社全体は動揺した。そこで後任者としてダイアンに白羽の矢が立ったのである。

ダイアンの持つ合理的思考と、修羅場を潜《くぐ》り抜けてきた粘り強さが、会社をさらに発展させてゆくとの、会社としての判断であった。しかし、そのときダイアンはこんなふうに答えたという。

「一年間様子を見て、適任でないと判断すれば、他の人を任命してほしい。その地位に私が就くことで私が受ける恩恵と同じくらい会社に貢献できるかと考えたら、答えは『ノー』です。私が受ける恩恵のほうが多い。これはフェアではないと感じました。私は、いまでも私以上に責任者として適任な人物が現れたら、躊躇《ちゅうちょ》なくその人と代わります」

そして九八（平成一〇）年一月にシンガポールの総支配人代理に就任すると、その一年後に総支配人となり、二〇〇一（平成一三）年にはマレーシアの社長に就任した。

二つの拠点の責任者としてのダイアンの最初の仕事は、両社をいかにして一つの会社として「経営」するかということだった。それはまさにビジョンとして掲げた「多文化にまたがるチームワークによるダイナミックな成長」を実現することに繋がる。

シンガポールとマレーシアの拠点を融合させ、心を開いて互いに協力する状況を創ることは、ダイアンにとって実に大きな挑戦となった。当初、双方の会社のスタッフ間には緊張があり、感情的になる場面もあったという。距離を近づけ、友好的な環境を形成してから、関係性を強化するまで、何年にもわたる粘り強い取り組みが必要だった。

最も重要なのは、すべての意思決定が公平であること、そしてまた公平に見えることである。その決定によって、会社により大きなメリットがもたらされることを説明し、正当化する必要もある。ダイアンは言う。

「意見の相違は常にあるものです。しかし、オープンに議論されなければなりません。時には互いの意見の違うことを認めるだけになるかもしれませんが、そのときには経営陣が十分な情報に基づいて、最終的な決定を下すようにしました」

その頃、シンガポールには、ケニー・ウォン（Kenny Wong）が入社している。営業・購買を担当していたダニエルの部下となったケニーは、顧客との接し方や、仕事の進め方についてあらゆる角度から学んでいった。

現在も活躍しているマレーシアのメンバーたち。

ケニーはオーストラリアのメルボルン大学で化学工学を修め、帰国後にサンエースの顧客であった地元財閥系列の塩ビ加工メーカーにエンジニアとして入社。安定剤の取引を通してダニエルと知り合ったことがきっかけで、セールス・エンジニアとしてサンエースに迎えられたのである。

ケニーは、サンエースを「ダイナミックな会社だ」と言う。

「前の会社でトラブルが起きたときに、サンエースは非常に迅速に、かつ問題の本質を理解しながら、私たちと一緒になって問題解決に尽力してくれました。そうして組織としての意思決定の速さ、目先の利害を超えて、柔軟に対応する姿勢が、とてもダイナミックで魅力的に思えたのです」

ケニーは、サンエースの特徴である、顧客の困り事を自分事として解決していく「カスタマー・インターフェイス」に焦点をあて、スピーディーに仕事を進めてゆく大切さを語る。自分も、そのような会社で仕事をしたいと思ったそうだ。

ケニーの実家は醤油（魚醤）メーカーを経営する一族で、幼い頃から同族企業の経営に触れる機会があった。彼が高校生の頃、社長であった父親が亡くなる。長男のケニーは一族から会社をどうするかの判断を求められたが、最終的には経営を親族に譲る判断を下す。

彼の母親は優秀な化学者で、自ら化学分析を専門とする会社を経営しており、経済的には醤油事業に依存する必要がなかったからだという。

ちなみに母親が経営する化学分析の会社は、その後世界の大手企業に買収され、買収後も母親はシンガポールの社長として残り、現在に至るまで活躍を続けている。

ケニーは二〇二〇（令和二）年一月から、サンエースグループの社長（Group Managing Director）を佐々木から引き継ぐことになるが、バランスの取れた経営センスは家族譲りに違いない。

こうしてサンエースは、その後、アジア、中東、アフリカ、ヨーロッパ、南米へと、地理的な拡張を続けてゆくことになる。

第5章　アジアから世界へ

新たな人材との出会い

アジアとオーストラリアに四工場体制を確保したことにより、生産能力の問題はなくなった。再び積極的に販売を伸ばしていける環境が整ったのである。

Dr.タンとダニエルは、華人のネットワークをフルに活用することで、アジア各国での売上を増やしていった。その頃には東南アジア市場を席巻していた台湾勢、韓国勢は勢いを失い、品質、生産規模、価格競争力で、サンエースが有利に立つ局面が増え始めた。代わって登場したのがヨーロッパ勢であった。

ドイツのバローハ社（BAERLOCHER）はマレーシアに工場を建設し、ケムソン社（CHEMSON）は、オーストラリアの工場から東南アジア市場に進出してきていた。塩ビ安定剤の業界でのリーダーであった彼らを迎え撃つためには、自分たちの技術力を高めていかなければならない。彼らの進出は、技術をさらに磨く、いい刺激材料となった。

しかし一方的にアジアの市場で防戦に回っているだけでは、競合状態の全体像が見えず、不利な戦いを強いられることになる。そこで彼らの主戦場であるヨーロッパ、中東、アフリカの市場にも積極的に販売攻勢をかけていくことを決める。

一九九三（平成五）年末、それまでシンガポールの責任者を務めていたチャールズは母国のイギリスに戻り、ロンドン近郊のケンブリッジにオフィスを構えた。シンガポールの責任者はDr.タンが引き継ぐこととなった。

イギリスからはヨーロッパのみならず、中東、アフリカの各市場をカバーすることにした。この頃チャールズは、やがて南アフリカでパートナーとなるギャリー・ヴァン・エイク（Gary van Eyk）に出会っている。

ギャリーは地元の大学を卒業した後、当時アパルトヘイト下にあった南アフリカで陸軍士官となった。軍隊経験を経て、化学品商社に就職。三〇代半ばには独立して、自らの化学品商社を設立した。ラグビーで鍛え上げられた立派な体軀の持ち主でありながら、誰に対しても穏やかに話しかける紳士であった。

一九九四（平成六）年、ギャリーはサンエースと代理店契約を結び、現地市場での製品販売を始めた。

この頃には、佐々木は北米に市場を伸ばそうと、何回もアメリカに出張しており、最初のアメリカ出張の際に、その後長年にわたる盟友となる一歳年上の北出太三郎《きたいでたいさぶろう》に出会っている。

北出は、三菱商事のニューヨーク駐在員だった。英語が堪能で、技術的な素養も兼ね備えていた。慶應義塾大学工学部で材料力学を修めた彼は、ボート部で大学時代には日本一を取ったことのあるスポーツマンでもあった。

チャーミングで頭の回転が速い北出に出会った佐々木は、同年代にもかかわらず「ここまで能力差があるのか……」とショックを受けた、と述懐する。

一方の北出は、佐々木の第一印象をこう話す。

「物事の決断が速く、非常に明快に判断していく人だと思いました。日本人というより、スピードと合理性を重んじる欧米人のような印象を持ちましたね」

佐々木がアメリカに来た目的は、金属石鹸を販売することであった。アメリカの石油化学産業でも、大量に金属石鹸が使われていた。しかし、それらは牛脂から作る脂肪酸を使用したものであり、サンエースはそれをパーム油由来の金属石鹸に変えてゆこうと考えていたのだ。

この話を聞いた北出は面白いと思った。その頃にはパーム油は大豆油の生産量を抜き、世界最大の植物油となっていた。油脂の価格は相場により変動するが、当時のパーム油は、牛脂に比べて安価に推移する傾向にあった。北出は、これを原料にした金属石鹸なら、十分に競争力を持つと考え、アメリカ各地を佐々木と一緒に営業にまわるようになる。

そうした中で、二人の友情は育っていった。

北出は、一一年間アメリカに駐在した後に、本社の樹脂添加剤チームリーダーとして帰国して、品川化工・サンエースを担当することになる。その後、塩化ビニル部の部長となり、リケンテクノスの役員を経て、二〇二二（令和四）年にグループ全体の経営を担う四人の取締役の一人として、また日本法人では営業担当の専務取締役としてサンエースに入社することになる。

OECDワークショップへの参加

一九九〇年代前半は、世界的に環境問題に対する関心が高まり始めた時期でもあった。

一九九二(平成四)年には「国連環境開発会議」(地球サミット)がブラジルのリオデジャネイロで開催され、「環境と開発に関するリオ宣言」と、それを実現するための行動計画「アジェンダ21」が採択されている。

その一方で、国連加盟国の経済水準の差の大きさから、一律に環境問題を論じることの限界も指摘されていた。

これを受け、先進国クラブともいわれるＯＥＣＤ（経済協力開発機構）では、国連での動きに先駆けて具体的な行動を開始する。ＯＥＣＤはヨーロッパ諸国を中心に日・米を含め、現在では三八カ国の先進国が加盟する国際機関である。国際マクロ経済動向、貿易、開発援助といった分野に加え、最近では持続可能な開発、ガバナンスといった新たな分野についても加盟国間の分析・検討を積極的に行っている。

一九九三（平成五）年に環境に負荷を与える五つの重金属を特定し、リスク削減プログラム（Risk Reduction Program）を展開することになるのだが、これは持続可能性についての検討の先駆けでもあった。まずはこれら五物質の使用状況に関して参加各国が調査を行い、モノグラム（白書）を作成した。

その翌年の九月には、物質ごとに用途を明らかにして、環境に与える負荷と代替案を検討するワークショップを開催する。塩ビ安定剤の原料となる鉛も五つの物質に指定され、ガソリン、塗料、銃弾、クリスタルガラスなどの分科会とともに、プラスチック分科会として国際的な議論の対象となった。

佐々木は日本の産業代表として、通商産業省（現・経済産業省）、環境庁（現・環境省）、そしてプラスチック業界関係者らと共に、カナダのトロントで開かれた会合に出席することとなった。ワークショップの場では、用途ごとにその使われ方を明示し、環境負荷のリスク、国境を超えた環境負荷を検証し、結論としてその代替案を討議していった。各国政府はそれぞれの立場から、このワークショップに参加していたが、業界団体もまた積極的にロビー活動を展開していた。

塩ビ安定剤業界では、科学的データの蓄積をベースとした論理的な議論を展開し、重金属というイメージに基づく国際的な規制には反対する立場をとっていた。サンエースは加盟国の日本とオーストラリアに工場を持ち、またヨーロッパや北米への販売を進めていることから、ＥＵやアメリカの業界団体との接点も持っていた。

その関係からワークショップに先立ち業界団体から連絡が入り、現地で連携して動いてゆくことを確認していた。ワークショップ前日には、欧米の業界団体主催の会合に招かれ、各国の政府関係者と緊密に連携を取り合いながら、動いてゆくこととした。

参加国の中では、鉛の原産国であるオーストラリア政府が産業の擁護に積極的であり、イギリス政府もそれに近い考え方を持っていた。日本政府はＯＥＣＤの副議長国ながら、特に明確な立場を示している様子はなかった。

ワークショップ初日から、佐々木はオーストラリア政府、そしてイギリス政府の代表者と面談し、それぞれの立場を理解した上で、日本政府の代表にその旨を伝えた。

事前情報や海外とのネットワークを持っていなかった日本の代表団は、佐々木に両国政府との面談設定を依頼してきた。佐々木はアポイントを取り、またサポート役としてその場に参加することとなった。このような活動を通して、最終的にプラスチック分科会として次のような議長声明を採択するに至った。

「塩ビ製品中に安定剤として含まれる鉛分の溶出は、無視できる範囲にある。労働者が工場の作業環境で鉛に曝露される懸念はあるものの、これは各国政府の基準により厳格に管理されている。ゆえに越境汚染の問題も存在せず、分科会としては鉛代替を検討する必要はないと結論づける」

この議長声明は、イメージのみに基づく安易な環境規制に対して、一石を投じる画期的なものとなった。

アフリカへの進出

サンエースは、新しい市場の開拓にも積極的に取り組んでいた。

一九九四(平成六)年、南アフリカではネルソン・マンデラが黒人初の大統領に就任した。アパルトヘイト政策により国際社会から分断されていた同国は、新しいリーダーの下で再び国際舞台への復帰を始めているところであった。

南アフリカで実施されたアパルトヘイトとは、白人とそれ以外の人種間での隔離政策のことを指す。少数の白人の政治的・経済的特権を維持するため、黒人をはじめ非白人である人種の人たちの権利

温厚なギャリーだからこそ、南アフリカの事業は成功したと言えるだろう。

や自由を奪い、さまざまな制限を課した。

南アフリカが金やダイヤモンドといった資源を豊富に有していることがわかると、これらをめぐりオランダ系移民を中心とするヨーロッパからの移民「アフリカーナー」とイギリス系移民の間で戦争が勃発する。結果はイギリス系の勝利に終わり、支配層を形成するイギリス系に対しアフリカーナーの多くは経済的な弱者となり、「プア・ホワイト」と呼ばれる貧困層が形成された。これら白人貧困層を救済し白人を保護することを目的に、一九一〇年の南アフリカ連邦成立以来、さまざまな人種差別的立法が成立した。

そうした動きの中、白人を保護し優遇することを目的として制定されたのが、「鉱山労働法」だ。これは金やダイヤモンドの鉱山で働く白人と黒人の職種区域や人数比を全国で統一し、白人労働者の暮らしを守るために制定されたもので、人種差別的な立法の先駆けとされる。その後も人種差別的な立法が次々と成立し、一九四八年に白人の農民や貧困層を支持基盤とする国民党が政権を握って以降、アパルトヘイトは本格的な制度として確立されることになった。

一九五〇年代に入るとアフリカ民族会議（ＡＮＣ）に所属するネルソン・マンデラらを中心にアパルトヘイト反対運動が始まった。多くの国々がアパルトヘイトを非難していたものの、南アフリカの豊富な鉱物資源に依存していた西側諸国は、当初は積極的な対策を講じることに躊躇することがあった。しかし、その後国際社会からの圧力は増していく。国連総会は一九五二年以降アパルトヘイトに対する非難決議を毎年採択し続け、「人道に対する罪」を糾弾した。さらに国際社会は国交断絶や経済制裁、オリンピックへの参加を認めないなどの措置を取りはじめ、南アフリカは徐々に孤立してゆく。

そうした中、一九八九年に就任したフレデリック・デクラーク大統領はこれまでの政府の方針を転換。一九九〇年に収監されていたネルソン・マンデラを釈放し、翌一九九一年にはアパルトヘイト関連法を全廃するに至った。さらに一九九四年には、すべての人種が参加した初めての総選挙が行われ、アフリカ民族会議（ＡＮＣ）が勝利し、初の黒人大統領としてネルソン・マンデラが就任した。彼は黒人と白人に加え、カラード（混血）、アジア系など、さまざまな人種と民族が共存する南アフリカをレインボーネーション（虹の国）と称し、新しく制定された国旗（レインボーフラッグ）にもその考え方が反映された。

チャールズが定期的に南アフリカを訪れ、ギャリーと共に顧客を訪問し始めたのはちょうどこの時期であった。地元には同業二社があったが、サンエースの塩ビ安定剤が、現地最大のパイプメーカーで採用され、売上が伸び始めているときであった。

ある週末の午後のことだった。シンガポールの自宅にいた佐々木は、南アフリカ出張より戻ったチャールズからの電話を受ける。大手ユーザーへのブレークスルーをきっかけとして、サンエースの評価が南アフリカ市場全体で高まりつつあった。さらに実績を伸ばしてゆくために、代理店をしているギャリーと合弁会社を立ち上げ、技術サービスを伴った輸入販売を行ってはどうか、との提案であった。

そうすれば、遠方のシンガポールに頼らずとも、現地の試験機器を活用して、タイムリーな技術サービスと共に、製品の在庫販売を行っていくことができる。販売数量が一定水準までに達した時点で、生産の現地化を検討してゆく……現地のニーズを把握しつつ、段階を踏んで事業展開を進めてゆくモデルの提案であった。

しかしながら、当時の南アフリカでは、白人政権下の締め付けで維持されていた治安が急速に悪化していた。それは民主国家へと移行する過程での課題でもあったが、現地の事情を見極めないことには、投資判断はできない。

ほどなくして、佐々木はチャールズと共に南アフリカを訪問する。一週間の滞在を通して、ギャリー、チャールズとの議論を重ねつつ、主要な顧客を訪問して、アフリカ市場の可能性を肌感覚で確認しようとした。治安が良いとはいえず、また急成長を遂げるアジアとは趣を異にするものの、長期的に見て市場の潜在性を感じることはできた。

アジアでの同業他社のほとんどは台湾、韓国勢だったが、それぞれが自国に一定規模の市場を持っていた。彼らはほとんど海外市場での顧客訪問を行わずに、商社を通して生産能力の余剰分を安価に販売する傾向にあった。そのためシンガポールとマレーシアに工場を持つサンエースとしては、常に最安値の水準での製品供給を余儀なくされていた。しかし、それがむしろ競争力を鍛えるきっかけとなっていた。

それに比べ、中東、アフリカの地域では、ドイツのバローハ社、ケムソン社が中心となり、東南アジア市場より遥かに高い水準の価格で製品を販売していたのだ。この地域には安定剤メーカーは二社しか存在しなかったので、サンエースが現地での製造を始めれば、ある程度の市場シェアを確保することが望める状況だった。

それに、何よりパートナーとして当時四一歳のギャリーの存在が大きかった。

陸軍士官時代の彼は、アパルトヘイト下での暴動が起きる度に、その鎮圧に派遣されていたそうだ。部下と共に現場に到着すると、装甲車から一人丸腰で降りて、騒動の中に入っていく。リーダー格の人間たちを見つけて、穏やかに対話を試みる。相手が誰であっても常に敬意を持って接する彼は、武力に頼ることなく、次々と騒動を治めていった。こうした経験を持つ人間的に優れた、実に頼もしいパートナーであった。

南アフリカ事業立ち上げの苦闘

一九九六（平成八）年一〇月、南アフリカで新憲法が制定されるのと時期を同じくして、ギャリーと五〇%ずつの出資比率で合弁会社サンエース南アフリカ（SUN ACE SOUTH AFRICA PTY. LTD.）を設立する。

しかし、当初こそ黒字を続けていた合弁会社だが、翌年のアジア通貨危機に端を発する現地通貨ランドの下落により、その後数年にわたり、赤字転落を余儀なくされることとなる。このために、経営会議の場で事業継続の是非が頻繁に議題に上げられた。

現地ではシンガポール・マレーシアの両工場から米ドル建てで製品を仕入れ、地元顧客に対して現地通貨のランドで販売していた。しかし製品発注の際には、多額の手数料がかかるために、為替予約をせずにそのまま米ドル建て債務として流していたのだ。

合弁設立前年の一九九五年には、一ドル＝三・六ランドであったが、二〇〇二年には一ドル＝一〇・五ランドまで価値を落としていた。通常は船積み後九〇日後に南アフリカから、シンガポール・マレーシアへの支払いを行うのだが、ランドの急速な下落により、支払期日が来るまでに、支払う金額が増え続ける状態が続く。この差額は為替差損として計上されるのだが、問題なのは通貨価値の大幅な下落により、実際に支払う現金がないことであった。同じグループ内とはいえ、数年にわたり多額の未払い買掛金が積み上がる状況が続いてしまう。

販売対象としていた市場は、現地の南アフリカと、隣接するボツワナの市場への販売のみであった。ナミビアやジンバブエ、モザンビークなど南部アフリカは、規模が小さいと見て着手していなかった。同様に、ケニア、エチオピア、タンザニアを含む東部アフリカ、そしてナイジェリア、ガーナ、アイボリーコーストを含む西部アフリカの市場に関しても、まったくの未着手であった。

現状打開のために、これらの市場の可能性について、再度丁寧に精査することにした。地元市場でのシェア拡大をめざす一方で、輸出ビジネスの可能性を追求してゆけば、かなりの市場規模となるはずである。

ギャリーのレポートによると、大まかにアフリカ大陸の市場規模を推計すると「南部・

東部：西部＝二：一：二」の割合であった。

ターゲット市場をアフリカ全土に広げ、東部と西部市場を視野に入れると、市場全体の規模は足下の販売量の八〜九倍となる。同時に品質は維持しながら、安定剤配合を見直してコスト低減を図る。低コスト品を軸に、新しい市場にも積極的に攻勢をかけていくことで、事業の継続は可能と判断した。そして即座に、競争力のある製品開発に着手し始めた。

すると、その翌月の二月から、それまで五年間下落する一方だったランドが大きく反発を始めたのである。二〇〇二年に一ドル＝一〇・五ランドまで落ち込んでいた価値が、二〇〇三年には一ドル＝七・五ランド、二〇〇四年には一ドル＝六・五ランドまで回復。通貨の価値が元に戻ったことによって、数カ月のうちに累積赤字は一掃される結果となった。

これは結果論であるが、仮に前年末の役員会の場で撤退の判断をしていたら、億を超える単位の減損処理を余儀なくされていたはずである。誰にも為替のコントロールはできない。社内取引であったとしても、為替予約にコストが掛かったとしても為替リスクをヘッジしなければ経営を危うくしかねないとの教訓を、グループの役員たちは身をもって学んだ出来事であった。

足下での財務問題が解決し、再び競争力ある製品の新規市場への販売が始まったその年の暮れに、経営会議の場で南アフリカに工場を建設することが決まった。

当初はリース物件に、オーストラリアで長年使われてきた中古設備を移設して、できるだけコストをかけずにスタートすることにした。翌二〇〇三（平成一五）年、紆余曲折を経ながら南アフリカのヨハネスブルクで工場が稼働を始めたのである。

サンエース南アフリカの発展

一九九八（平成一〇）年六月には、技術サービス・営業担当として、アリスター・カルダー（Alistair Calder）が、南アフリカチームに加わった。

アリスターは英国出身で、父親の仕事で少年時代をイタリアで過ごし、その後に南アフリカに移住していた。テニスではジュニアウィンブルドンの大会に参加、ゴルフのハンディキャップはシングルという腕前でもあった。

現地の大学で高分子化学を学び、塩ビ製品加工工業の勤務を経て、同業他社に就職していた。入社当時は三七歳であった。

当初のアリスターは、非常に競争意識が高く、いささか気難しく、皮肉っぽい人物であった。しかし、レイや清野らと交流する中で、次第に打ち解けて馴染んでいった。一旦気を許してしまえば、真面目でユーモアに溢れる、頼りがいのある人物であった。

異なる文化圏での仕事を展開するサンエースにあって、アリスターは、アフリカのみならず、中国、インド、中東、南米へ自ら足を運び、各地で技術や営業の仕事に携わる後進の育成に努めており、若手社員のロールモデルとなっている。

アリスターは、ライバル会社から転職した理由に「前職ではサンエース製品によって次々にビジネスを奪われ、危機感を抱きつつも、その製品の質や技術の高さには感心していた」ことをあげる。

二〇〇三（平成一五）年二月に現地生産を開始し、同時に本格的な技術ラボが完成すると、アリスターはその中核を担うようになる。二〇〇〇年代半ばには、売上高が国内および輸出販売共に大きく成長した。競争力ある製品で顧客ニーズに素早く対応できたことから、ピーク時にはサブサハラ地域（サハラ砂漠以南のアフリカ地域）一八カ国に輸出。販売量は工場設立時の一〇〇〇t弱から、五〇〇〇tを超えるまでに成長していった。

二〇〇七（平成一九）年に、非鉛系塩ビ安定剤を南部アフリカ地域に初めて展開し、二〇一三（平成二五）年六月には、ケニアのナイロビで技術サービスを提供するため、サンエースケニア（SUN ACE KENYA）を設立。同年、ブラジルのサンパウロ州にサンエースブラジル（SUN ACE BRAZIL）を設立し、同時にグループ事業開発マネージャーに就任。インド、中国、中東、ケニア、ブラジルで開催された多くの展示会に参加し、現地チームのサポート役を担った。

そして、二〇一六（平成二八）年にグループ事業開発ディレクターとしてサンエースの役員に就任する。さらにブラジルの社長職を兼務し、グループ全体に横軸を通す役割を担う貴重な存

アリスター・カルダーとローナ夫人。

在となっている。

「二〇〇七（平成一九）年に、非鉛系塩ビ安定剤を初めて販売したところ、大手顧客二社で技術的な問題が発生し、高額な賠償をしなければならなくなったことがありました。この問題を佐々木に報告したところ、『何としてでも顧客との取引を継続できるようにしてほしい』という意向でした。短期的な利益を犠牲にしてでも、顧客の信頼を繋ぎとめることを重視するとの判断でしたので、私たちは解決のための努力を続けました。そのうちの一社は、後に事業を終了するまで、サンエースが製品を全面的に提供し続けました。もう一社もサンエース製品を一〇〇％使っており、現在も取引を継続しています」

サンエースの顧客を大切にする姿勢を、アリスターはそのとき改めて学んだという。

アリスターが考えるサンエースの強みとは、

「私たちは、技術開発に多くのリソースを投入しており、試験設備においても、経験豊富なスタッフがいる点でも、非常に恵まれた会社です。多くの場面で顧客からは、単なる原料メーカーではなく、ソリューション・プロバイダーと見なされています。これは、当社の技術営業担当者が、現場での技術的問題を解決するだけでなく、ビジネス上のあらゆる側面の課題解決に対応することができるためです。

その背景には、グローバルに事業を展開しており、世界中の社員が持つ経験や知識を活用することで、顧客により良いサービスを提供できることがあります」。

さらに「オープンなコミュニケーションができている」ことの理由として、マトリックス組織であることを挙げ、

「サンエースのマネジメントは勤続年数の長い社員が多いのですが、これはマトリックス型管理の賜物でしょう。マトリックス組織では、上下関係の制約に縛られずに全員の長所を生かすことで、働きやすい環境になります。サンエースでは、気づいたことや改善点について、社員が経営層と率直に話し合うことが奨励されており、生産性の高い職場環境を作るために、常にスタッフを啓蒙しています。勤続年数の長い社員の割合が非常に高いことからも、成果が出ていることは明らかです」

と言い切った。

そして、アフリカ進出の要となった佐々木については、次のように語った。

「亮は、ある意味でとてもユニークな人物だと思います。ビジネスのあらゆる側面についての知識が豊富なのですが、これは製造、開発、テスト、販売、管理に至るまで、若いうちからさまざまな経験を重ねてきたことが大きいでしょう。とても謙虚な人柄でも

あり、全社員の生活と心身の健康を心に留めています。亮と初めて会ったときから、私はトップが現場でのビジネスを理解している会社で働いていること、そして大変魅力的な人物がリーダーであることを確信してきました」

アリスターはよく佐々木とワインを飲みながら、アフリカ、中東、南米など、これからの世界におけるサンエースの将来像について話し合っているという。

またケニーついても、

「ケニーは非常に知識が豊富で、実力でポジションを勝ち取った人物です。仕事には信じられないほど意欲的で、細部にまで徹底的にこだわります。ケニーと一緒にさまざまな展示会に参加しましたが、彼と会ったお客様は皆一様に喜んでいました。これは彼がお客様との信頼関係を構築している証しです。ケニーがグループの社長（Group Managing Director）として組織を率いてゆくことになり、サンエースの将来は安泰です」

と全幅の信頼を示す。

品川化工の危機

一九九七（平成九）年に巻き起こったアジア通貨危機の嵐は、日本にも押し寄せ、サンエースの海外進出にも影響を与えていた。

一九八九（平成元）年末に、株価が最高値を付けた後、バブルが弾け、金融システムが徐々に不安定化し、一九九一（平成三）年には小規模の金融機関が破綻し、預金保険制度が初めて発動され、その後も、小規模の金融機関の破綻が続くこととなる。この間、預金保険制度の保護上限を超える部分についても、他の金融機関や地方公共団体からの支援により保護されていた。このように、金融界に体力が残存していた間は、公的資金を投入せずとも実質的に預金は全額保護されていた。

他方、早くも一九九二（平成四）年夏には、当時の宮澤首相が、株価や不動産価格の急速な下落を懸念し、金融機関に対する公的資金の投入を提案するものの、金融界のみならずマス・メディアなどからの強い反発を受けて、公的資金投入は実現しなかった。この代わりに、一九九三（平成五）年には、金融界の主導の下に、公的資金を用いない不良債権買取会社が設立されたが、実質的には買い取りはあまり進まず、銀行の不良債権は増加し続けることとなる。

この間、小規模の金融機関の破綻が続出したものの、一九九五（平成七）年頃からは、いわゆる住専、すなわちノンバンクながらも金融システムに深刻な影響を与えうる住宅金融専門会社の経営不安が深刻化し、同年末には、旧大蔵省が、五年間の預金全額保護を宣言するに至り、いよいよ一九九六（平成八）年には住専七社が破綻にするに至る。

一九九五〜一九九六（平成七〜八）年にかけて、国内景気は一時的にプラス三％前後に持ち直したものの、一九九七年の橋本内閣による消費増税と緊縮財政、そしてアジア危機もあいまって、景気は急速に落ち込み、民間需要が一挙にしぼんでいった。

北海道拓殖銀行、山一証券が潰れ、巨額の不良債権を抱えた銀行は新規貸し出しを止め、既存の貸出先には返済を迫る事態へとなっていった。財務基盤の脆弱な品川化工も、危機的な状況に直面しており、会社の立て直しには一刻の猶予もなかった。

シンガポールを拠点として、海外事業を統括していた佐々木は、一九九七（平成九）年末に日本に帰国する。年末年始の一週間の休みの間に、取り寄せた資料を基にして品川化工の再建案を書き上げた。

翌一九九八（平成一〇）年一月、品川化工の代表取締役社長に就任した佐々木は、自ら先頭に立ち、国内の事業再建に取り組むこととなる。三四歳であった。利昶は会長に就任し、佐々木のフォローに回った。

品川化工の抱える問題点は、長期にわたる売上の低迷と、高止まりしたままの固定費、つまり過剰人員にあった。当時の日本経済は、大手企業も含め、社会全体での信用不安が連鎖的に広がりつつある危機的な状況に陥りつつあった。システミック・リスクである。

抜本的な手を打たなければ、会社として生き残れない……そう考えた佐々木は、一年間で従業員の数を三分の一にまで減らすという、通常では考えられない規模の人員削減を断行する。残った社員たちに対しても、給与・賞与とも大幅な見直しが図られた。去るも地獄、残るも地獄といった厳しい状態が続いてゆく。

それまでの日本社会では、「一つの会社に勤めあげる」ことを美徳とする価値観が一般的であり、人員削減を意味する〝リストラ〟という単語も一般的ではなかった。品川化工に長年勤めてきた社員たち、利夫や利昶に長年仕えてきた従業員たちに、退職を迫らざるを得ないのである。不撓不屈の精神を貫き通した、創業者の利夫のような強さは自分にはない……利夫が健在であれば、果たしてどのような判断をするであろうか。佐々木は苦悶した。

しかし、拠《よ》って立つ後ろ盾のない品川化工にとって、もはや残された選択肢はなかった。それまでは労働争議などを通して対立することが多かった労働組合であったが、危機的な状況を理解するに至り、会社の決断を支えてゆこうと大きく方向転換を図ってくれた。

組合の執行委員長であった小森成美《こもりなるみ》は、佐々木にだけ苦労を押し付けてはいられないと、自ら上部団体や組合員の説得に奔走する。団体交渉の場では、会社側の無策を厳しく糾弾する小森であったが、仲間である組合員たちの前では、自らが悪者になり泥をかぶってでも、会社の再建を支えようとした。誰もが必死になって、自分ができる役割を果たそうとしていた。

不退転の身を切る覚悟を示したことにより、取引先の銀行は従来の融資を継続することを決めてくれた。年央にはさらに業績が悪化したが、追加資金の融資にも応じてくれた。市場では「品川化工倒産リスク」が噂に上っていたが、積水化学、三菱商事などの株主が、この再建案を評価して取引を拡大するなどサポートしてくれたことにより、徐々に信用不安は収束に向かってゆく。

そして一年後の一九九九（平成一一）年一月、三菱商事が品川化工支援のためにサンエース・シンガポールの株式二〇％の買い取りを決める。売却代金としてまとまった金額が入ってきたことで、品川化工はかろうじて倒産の危機を回避することができた。

中東プロジェクト

その一方で、サンエースは中東への事業展開を模索していた。品川化工の社長に就任したばかりの佐々木は、内外の憂慮すべき問題を抱えながら一九九八（平成一〇）年二月、中東へと向かった。前年に合弁事業を進めることで合意したハムダンに対して、事情が変わったことを説明しなければならなかった。

ハムダンは、合弁事業をスタートさせるための準備として、すでに技術サービススタッフを雇用して、現地市場への販売活動に着手していた。顧客の品質要求に応じた製品を、シンガポール、マレーシアの両工場で生産数を予測して製造し、販売する在庫販売を中東で始めていたのだ。

当初の計画では一九九八（平成一〇）年末までに投資計画の詳細を詰め、一九九九年には工場建設に着手する予定であった。投資はシンガポールから行う計画だったが、品川化工の状況次第ではそちらに資金サポートを行う必要があること、そのために新規投資を先送りにせざるを得ないといった事情を、佐々木はハムダンに説明した。

プロジェクトは何年遅れるかもわからない。ハムダンとしては別のパートナーと工場建設を進める選択肢もあったはずである。しかし、彼は、一通りの説明を聞いた上で、次のように言葉を掛けてくれた。

「厳しい状況の中にもかかわらず、わざわざ説明に来てくれてありがとう。プロジェクトが遅れる事情はよくわかった。私にできる支援は、シンガポール、マレーシア工場の製品をできるだけ多く中東市場で売り続けることだ。その収益を日本の再建に活用してほしい」

四面楚歌の状況にあった佐々木にとって、このときのハムダンの言葉がどれだけ励ましとなったかわからない。

ハムダンは大柄で威厳に満ち溢れるアラブ人で、朗らかで温かく、思いやりに満ちた紳士であった。

彼はサウジアラビア東部州のアル・コバールで生まれ育ち、米国のワシントン州立大学に進学して、都市工学の修士号を修めている。

帰国後にアラビア半島東部に位置するアル・ジュベール工業団地の開発、企業誘致を担当する政府機関であるロイヤル・コミッション（Royal Commission）の初代ディレクターに就任。数多くの欧米企業の誘致に成功し、政府部門での頭角を現してきた人物である。

中東でのパートナーのハムダン・アル・ハムダンとオフード夫人。

その後、三〇代半ばで国際貿易を促進する目的で設立された国営商社の初代社長に就任。一〇年ほどの在任期間で年商を数百億円までに育て上げ、四四歳のときに独立していた。

ハムダンは、プロジェクト延期を伝えられたときの心情を、こう述べる。

「プロジェクトが遅れる。理由は、こうだ。これは電話で済む話です。それなのに亮はわざわざバーレーンまで来て、翌日にはもう日本に戻って行きました。当初はサウジのリヤドで会う予定でしたが、ビザを取得する時間がないというので、急遽バーレーンに変更してまで、私への説明のためだけに来てくれたのです。その彼の誠実さに、私も誠実に対応しただけです。

私にとってこのエピソードは、亮とサンエースがいかに責任と契約を重視し、パートナーに敬意を払っているかを物語るものでした。私は、元々サンエースが信頼および尊敬できる合弁パートナーだと思っていましたが、その印象が確信に変わった出来事でもありました」

かつて何頭ものラクダの背に荷物を載せ、砂漠を行き来したアラブの商人（ムスリム商人）たちは互いの信義を尊んだという。彼らはペルシャ湾岸の港市を拠点として、インド洋・東南アジアを中心に、西はヨーロッパ、アフリカから、東は中国、東南アジアにわたる広範囲の交易に従事していた。ムスリム商人により飛躍的に発展した交易に、イスラーム神秘主義教団の活動が結びついて、インド・東南アジアへとイスラーム教が普及してゆく。

その時代の交易とは、信頼できる相手でなければ商品を強奪され、まさに生死にもかかわる営みであった。ハムダンにも、その精神が息づいていたのである。

ペルシャ湾に面するアン・ジュベイルに設立されたSUN ACE GULF LIMITED。

佐々木も、目先の利害にとらわれることなく、長期的なパートナーシップを築いてゆく大切さを、身をもって学ぶ機会となったと振り返る。

一九九九(平成一一)年の半ばに、品川化工の財務問題が一旦落ち着いたところで、佐々木は再びサウジアラビアにハムダンを訪ねている。彼は、約束に違わず年間二〇〇〇tを超えるサンエースの製品を、中東地域に販売していた。ハムダンの誠意と貢献に謝意を伝えつつ、佐々木は日本での状況が落ち着きつつあることを報告した。

一年半遅れではあるが、中東でのプロジェクトを再開することで二人は合意した。

翌二〇〇〇（平成一二）年、サンエースグリフ（SUN ACE GULF LIMITED）を、サウジアラビアのペルシャ湾に面した都市アル・ジュベイル（Al-Jubail）に設立する。ハムダン五一%、サンエース四九%の持株比率であった。

ハムダンが社長に就任し、英国に戻っていたチャールズもサウジアラビアの沖合にあるバーレーンに住所を移して、総支配人として立ち上げに尽力することとなった。

「製造、技術サービス、および経営を現地化し、独立事業体として世界各地に展開してゆく戦略。権限が委譲されているからこそ可能な俊敏な事業判断。各種のグループ会議を通した、各地の拠点同士の円滑なコミュニケーション。それぞれの経験や市場情報を共有し、製品開発を支援するなど、優れたチームワークが実現されているところがサンエースの強みです」

と言うハムダンは、多文化アプローチの発展の要因を、次のようにとらえている。

「各地に現地の経営者や技術者を配置したことで、サンエースは比較的短期間でさまざまな市場への進出に成功しています。サンエースグループでは、日本やシンガポールからの日常的な細部にわたる締め付けが少ない。つまり、権限移譲がスムーズに行われており、これがグループの俊敏性と競争力を高めることに貢献しているわけです。また、各地の拠点では、顧客との間に言語や文化の壁がなく、現地の習慣やルールを理解できているために、現地顧客と親密で友好的な関係が築けているのです」

オーストラリアでの新しい買収

二〇〇一（平成一三）年の半ばのことである。オーストラリアのレイは、かつて勤めていたフェロー・オーストラリア社から、現地での塩ビ安定剤事業から撤退するとの連絡を受ける。

一〇年前に買収したオーストラリアの事業は、レイの経営手腕の下で大きく売上を伸ばし、その規模は買収時の七倍に達していた。収益も大幅に増加しており、グループ内の稼ぎ頭に成長していた。

清野が現地スタッフと開発に取り組んだ環境技術も大きく開花して、その頃までにサンエースは、その分野の世界トップメーカーとなっていた。

また当時は、ＯＥＣＤのプラスチック分科会での「鉛の代替は必要はない」という議長声明にもかかわらず、世界市場では塩ビ安定剤の脱重金属化は着実に進んでいた。

フェロー社には、国際的にも高い水準

フェロー社の事業を引き継いだサンエースオーストラリア。

の安定剤技術があったが、それらをうまくビジネスには結びつけられていなかった。傍《はた》目《め》からはもったいなく見えていたのだが、その結果としての事業売却の決断であった。

前回同様に同業数社を交えての買収交渉がスタートした。

現地市場では、一〇年前には三番手であったサンエースの市場シェアは、フェロー社を抜き、ケムソン社と肩を並べるレベルに達していた。

半年余りの交渉の末、二〇〇二（平成一四）年にフェロー社の全従業員と工場設備を居抜きで引き取ることで合意する。数量は大きくないものの、買収したフェロー社の事業の中には、サンエースがもたない液状複合安定剤も含まれていた。

塩ビ安定剤は大きく鉛、非鉛安定剤、錫安定剤、そして液状複合安定剤に分けられるが、この買収を通して液状複合安定剤という新しい技術を手に入れることとなった。

土地と建屋は引き続きフェロー社の所有として、複数年のリース契約を同時に締結した。その工場はレイが働いていた場所でもある。

佐々木が、その一三年前に初めてオーストラリアを訪ねた際に、米国出身の社長と面談した事務所もそのまま残っていた。レイにとって出身母体であるフェロー社を傘下に収めたことは、面目躍如の心持ちであったに違いない。

中国への進出

シンガポールから始まった海外事業は、オセアニア、中東、アフリカ、ヨーロッパへと広がりつつあった。だが、足下のアジアでは、まだ中国とインドが主たる市場となっており、市場ポジションを確立できていなかった。

一九九〇年代から続く高度経済成長により、二〇〇〇（平成一二）年前後には中国市場は圧倒的な存在感を示していた。インドも塩化ビニルの消費量としては中国に及ばないものの、顕著な経済成長を見せ始めていた。

シンガポール国内には、中華系、インド系移民の末裔が暮らしており、日本と比べると文化的にも言語的にも、この二大市場へのハードルははるかに低かった。そこに着目したサンエースは、二〇〇〇年に時期を同じくして、営業拠点を中国の上海とインドのニューデリーに開設して、二大市場に本格的に乗り出してゆくための準備を整えた。

長年連れ添った配偶者を病気で亡くしたチャールズは、二〇〇五（平成一七）年に引退する。佐々木と出会ってから一八年、サンエースは海外八拠点にまで事業規模を広げていた。利夫が「天からの贈り物」と称したチャールズの存在なくして、会社の成長はなかったであろう。グループの経営スタッフは、それぞれに感謝の言葉を伝え、チャールズの引退を惜しんだ。

その翌二〇〇六（平成一八）年、ダニエルは中国でのパートナーとなるチャン・イェ（Zhang Ye）と夫人のジェリー・フー（Jerry Hu）に出会っている。

彼らは、互いの両親ともども、硫黄を粗原料とする化学品の製造に従事していた。鉱山で採掘された鉱石の精製過程で有用な鉱物を選別・収集するために使われる、浮遊選鉱剤が主力製品だった。

中国山東省の青島に工場を構えており、ジェリーの父親が持つ開発技術と、チャンの父親が持つ高い生産技術を併せて、質の高い製品を製造していたのである。

浮遊選鉱剤を製造する過程で副産物として出てくるチオ・グリコール酸（TGA）、それを原料とする2エチル・ヘキサ・チオグリコール（2–EHTG）は、塩ビの錫安定剤の原料としても使われる。チャン夫妻と一緒に組むことができれば、サンエースの品揃えにはない錫安定剤事業に参入することが可能となる。

当時彼らは少量の2–EHTGを安定剤原料として販売していたが、それが欧州の最大手メーカーの目に留まり、事業の買収を持ち掛けられていた。ダニエルと出会ったときには、欧州メーカーとの話はかなり進んでいたようだ。しかし各地で事業展開をするサンエースの存在を知り、一度話をしてみたいと感じた。

同じ安定剤でありながら、サンエースの事業とは粗原料を異にする、まったく違う技術であった。それだけに、ダニエルは錫安定剤事業への参入に、大いなる関心を抱いていたという。

佐々木はダニエル、ダイアンと共に青島を訪れる。

この夫婦の間ではチャンが生産と技術を担当し、ジェリーが営業や対外的な折衝を担う役割を果たしていた。最初の面談で互いに好印象を抱き、忌憚のない意見交換が行われてゆく。彼らは、欧州大手メーカーとの買収交渉の中で、かなり高額のオファーを受けていた様子だが、過半数の株式譲渡が条件であったことから、逡巡している様子がうかがえた。

佐々木、ダニエル、ダイアンの三人は協議を重ね、彼らが過半数の五一%を所有する合弁事業の設立を持ち掛ける。欧州メーカーが提案する既存事業への資本参加ではなく、新たな合弁会社の設立であった。サンエースは錫安定剤や粗原料であるTGA, 2-EHTGの製造技術は持たないが、世界市場への販売網は持っている。一方でチャンやジェリーは、製造技術は持っているものの、塩ビ安定剤は彼らにとっても新しい分野であり、これらの販路は持っていない。お互いが足りないところを補完し合うという、パートナーシップの提案であった。

数カ月間の話し合いを経て、二〇〇七（平成一九）年に現地に新たな土地を取得して、合弁事業を立ち上げることで合意が成立した。

ちなみに当時中国へ進出する企業の間では、パートナー企業に移転した技術の外部流出が深刻な問題となっていた。サンエースの役員会では、三菱商事を代表して役員会に出席していた北出も、中国進出に懸念を抱いていた。しかし、「中国に技術を移転するのではなく、現地企業が持つ技術を活用して錫安定剤の工場を立ち上げ、サンエースはその販売に貢献する」との説明を受けて、賛意を示している。一般的な中国進出の発想とは違うことを面白いと捉え、チャンやジェリーたちの技術水準の高さも大いに評価していた。

事業が始まって数年後の役員会の場で、ある顧客への売掛金残高の妥当性が話題となった。

販売先は安定剤メーカーである同業他社だが、ダニエルは与信不安があることを理由に売掛金の回収を早め、リスクを回避してゆくことを提言したのだ。チャンは、先方オーナーとの間には太いパイプがあるから心配はない、としてビジネスの継続を主張する。だが、その半年後にその会社は倒産してしまったのである。その直後の役員会でジェリーは、

「あなた方は売掛金の回収を提言したが、私たちがこのビジネスの継続を主張して、結果的に回収不能を招くこととなってしまった。この分に関してはぜひ補償させてほしい」

と言ってきたのだった。その提案に対してサンエースは、

「ダニエルが進言したことは確かだが、事業継続とのチャンの最終判断には、私たちは異論を差し挟まなかった。これは役員会として決めた方針であり、合弁会社であるのだから、私たちも応分の負担をするのは当然のことである」

と、伝える。

後に、この売掛金は工場用地の売却により戻ってくることになるのだが、この一件をめぐる一連のやり取りにより、チャンとジェリーのサンエースに対する信頼度は増したようだ。

日本人と中国人の間には、共通する点もあれば、価値観が相いれないと感じる場面も

少なくない。特に互いの利害が絡むビジネスの現場では、相互不信に陥るケースも多々あるだろう。

しかしこの一件では、チャンとジェリーの側から、自ら判断の誤りを認識し、謝罪するだけではなく、その補償まで申し出てきている。互いに譲り合うことで、双方ともに信頼感が増す結果に繋がったことは、東洋的な価値観を共有していると感じられる出来事でもあった。

南米への進出

サンエースにとって南米は、残されたフロンティアの一つであった。

二〇一一(平成二三)年三月末、佐々木は南米ブラジルへの出張を計画していた。現地ではバローハ社とケムソン社が工場を構えて活動していたが、市場の成長性からするともう一社が参入する余地は充分にありそうだと判断していた。ブラジルは前年に、七・五%の経済成長を遂げ、中国(一〇・三%)やインド(八・六%)には及ばないものの、G20諸国の中で五番目に高い数値を記録している。現地の人口は約二億人に達しつつあり、世界第七位の大国でもあった。

アジアから始まり、オセアニア、中東、アフリカ、ヨーロッパへと事業を拡げてきたが、南米は経営メンバーの誰にとっても新天地であった。

ブラジルではポルトガル語、また他の中南米諸国ではスペイン語が使われており、英語文化圏での仕事が中心であったサンエースにとっては、新たな挑戦でもあった。

その年の三月一一日、東日本は未曽有の大地震と津波に見舞われた。

大混乱の中で、出張は先送りにせざるを得ない。状況が落ち着くのを待ち、ようやく六月になってから佐々木はダイアンと共にサンパウロを訪れた。

主要な顧客とパートナーになりそうな中堅規模の同業者を訪ね、事業参入の可能性を探った。しかし残念ながら希望に沿うようなパートナーを見つけることができず、独自に安定剤工場の建設を模索することとする。

二〇一三（平成二五）年、ブラジルに現地法人（SUN ACE BRASIL INDUSTRIA QUIMICA E COMERCIO LTDA）を設立。サンパウロ州のスマレ市に工場用地を取得して、二〇一五（平成二七）年に工場が完成する。

サンエースにとって、遠隔地でパートナーと組むことなく事業を始めるのは、初めての経験であった。勝手がわからない地ではあるものの、日本、シンガポール、南アフリカ、オーストラリアの拠点からのメンバーを編成してプロジェクトを進めながら、現地では経営陣たちの選抜を行っていった。採用されたスタッフたちは、それぞれ各拠点でのトレーニングを重ね、二〇一六（平成二八）年に工場は稼働を開始した。

工場立ち上げには、清野と同期で、日本では取締役工場長を経験した伊達徳雄《だてのりお》も参加している。伊達は豊富な経験を持つエンジニアであり、ブラジル赴任の直前には、品質問題が頻発していたマレーシア工場に五年駐在し、アドバイザーとして品質向上に取り組んでいた。

マレーシアとは違い、ブラジルは英語も通じにくい不自由な環境であった。しかし伊達は臆することなく現地のエンジニアの中に入り込み、技術的な課題を粘り強く一つひとつ解決していった。ブラジルでの立ち上げが一段落すると、二〇二二（令和四）年にはコロンビアのバランキージャ保税区に竣工した新工場の立ち上げにも出向いている。清野同様に、品川化工時代からグループの発展に貢献してきた貴重な人材であった。

生産面での課題はクリアしたものの、法制度や文化、商慣習がまったく異なるブラジルでの事業の立ち上げは、当初より困難を極めた。ケニーやアリスターらをはじめ、グループメンバーが足しげく通うものの、本格的に事業が軌道に乗るまでには至らず、現地のスタッフやマネジメントメンバーの入れ替わりが続く。

紆余曲折を経て、年若いカイオ・マルコンデス（Caio Marcondes）が経営の中核を担う体制となり、ようやく状況が安定し始める。

カイオは地元のサンカルロス大学で化学を専攻、その後ＦＧＶにてＭＢＡを取得。地元大学で化学を専攻中に、セルビアのベオグラード大学に交換留学生として渡航して、多様な文化圏からの留学生と接し、国際的な環境に身を置くことの面白さを実感したという。

カイオは、二〇一四（平成二六）年の工場稼働前から技術スタッフとして入社した。シンガポールや南アフリカの拠点でのトレーニングを経て、会社の立ち上げに当初より参加。経営責任を担うアリスターからの指導を受ける中で、その後に営業、購買の責任も担うようになり、二〇二三（令和五）年に三五歳で現地責任者のオペレーション・マネージャーへと昇格している。

二〇二四（令和六）年になり、ようやく安定的な収益を上げ始めるが、創業してから実に七年もの時間がかかっていた。利夫がシンガポールの立ち上げに苦労していたのと、ほぼ同じ時間を費やしたことになる。初の海外進出であったシンガポール工場設立時の苦労を知らない新世代のサンエースの経営陣にとって、ブラジルでの立ち上げの苦しみは、改めて遠隔地での経営の難しさを再認識する経験となった。

話を戻そう。ブラジルに工場を建設し始めたちょうどその頃、佐々木は北欧の化学メーカーで副社長を務める友人から、連絡を受けていた。

このメーカーからは、サンエースの各拠点で原料を購入していたが、副社長と何度か顔を合わせているうちに親しくなり、個人的な交流が続いていたのだった。その友人は、彼らと取引のある南米コロンビアの会社が、塩ビ安定剤技術を持つメーカーを探している、と言うのである。

この頃、佐々木は二カ月おきにブラジルを訪問していた。次回の南米出張の際に、ケニーと共に紹介されたコロンビアの会社に立ち寄ることにした。

その会社、PRODUCCIONES QUIMICAS S.A.（PQ）は、塗料用添加剤と金属石鹸の製造を行っている中堅メーカーであった。事業拡大の一環として、金属石鹸を原料とする塩ビ安定剤の製造に進出したいとの意向を持っていた。

株主は、南米各地で化学品・食品添加物・肥料などの販売や、プランテーション経営など多義にわたる事業を手掛けるディーサン（DISAN）のオーナーであるマルセロ・レオンとセルジオ・エチベッリである。マルセロは一代でディーサン社を南米有数の企業に育て上げた希代の経営者であった。

セルジオはマルセロの会社の社員として入社して頭角を現し、マルセロが買収したPQ社の社長を務めていた。

六〇代後半のマルセロ、四〇代半ばのセルジオは、親子のような信頼関係で結ばれているように見受けられ、穏やかなペースながら、多岐にわたり建設的な議論が交わされた。豊かな経験を持ちながらも、真摯で謙虚な姿勢で話をするマルセロに、佐々木とケニーは引き込まれていった。その後、複数回にわたる議論を経てPQ社へ出資することとなるのだが、最初のミーティングからパートナーの人間性に惹かれ、一緒に仕事をしたいと感じていたのだった。

セルジオは地元の大学で機械工学を修めた後に、イギリスに渡り哲学の修士号を取得している。興味の範囲は多岐にわたり、ものごとの本質を多面的に理解しようとする聡明な人物であった。母親がコロンビアで女性初の弁護士協会の会長を務めるなど、政財界に影響力を持っていたこともあり、幅広い交友関係を持つ、ユーモアに富んだ逸材で

左からセルジオ・エチベッリ、マテオ・レオン、マルセロ・レオン、佐々木亮。

コロンビアの新工場。

あった。

セルジオはほどなくサンエースグループのメンバーと打ち解け、いまではグループ会議の場ではブレーンとして積極的に発言し、貴重なムードメーカーとなっている。

その後、マルセロは癌を患っていることが判明する。病状を理解したマルセロは、抗癌剤ではなく、数年間は生活の質を落とさず過ごせる治療法を選択する。

ディーサンの経営は長男のマテオ（Mateo Leon）に譲り、日常的な事業経営からは距離を置きながらも、ＰＱの役員会には可能な限り出席し、積極的に議論に加わっていた。創業者ながらシャイなパーソナリティーのマルセロは、自らの意見を声高に主張することなく、周囲の話を注意深く聞き、本質を突いた質問を繰り返しながら議論を導いていくタイプのリーダーであった。

マルセロは、首都ボゴタの現工場は敷地が手狭であることから、事業を成長させていく上で制約となると考えていた。二〇一九年の役員会の席上でマルセロは、「サンエースの持つ安定剤や金属石鹸の技術を活かして効率の良い設備を入れるには、充分な敷地の新工場を建設するべきではないか」と提言している。

マルセロの提案を受けて、二〇二〇年六月、コロナ禍の中にありながらも、カリブ海沿岸の都市バランキージャにある保税区内に、新工場の建設を決定する。

二〇二二年六月、マルセロはマテオをはじめとする家族とセルジオに付き添われながら、完成した新工場を訪問している。

その翌月の七月七日、マルセロは家族に見守られながら息を引き取った。

創成期メンバーの引退

二〇一六（平成二八）年、南アフリカではギャリーが引退する。

アパルトヘイトの時代を経て、新しい国の誕生に立ち会い、サンエースとの合弁事業を通しての苦闘など、気の休まることのない職業人生を送ってきていた。還暦を迎えたギャリーは、家族との時間を大切にしながら過ごしたいと、潔く引退を決めたのだった。この年は南アフリカで最初に合弁事業が設立してから、二〇周年でもあった。地元の取引先をはじめ、世界各地から同僚たちが集まり、ギャリーの引退を惜しんだ。チャールズもイギリスから駆け付けていた。

ギャリーは、チャールズ、レイ、Dr.タンらとともに、グループ設立の創成期を担ってきた貴重なメンバーであった。

後任として地元の大学で機械工学を修めたテレンス・ホブソン（Terence Hobson）が入社する。テレンスは国際的な企業にて数々のプロジェクトや工場経営を経験してきており、自ら機械の取り付けや修理も行う生粋のエンジニアであった。

その背景から、現在はグループ内の生産面を取りまとめる役割を果たしており、グループ生産会議（Group Production Meeting）を主宰している。

この数年の間に、チャールズやギャリーなど草創期の功労者たちが相次いで引退して、グループの経営陣の顔ぶれは大きく変わっていた。彼らの多大な貢献によって、サンエースはグローバル企業としてアジアを起点として、アフリカ、中東、ヨーロッパ、南米に揺るぎない地歩を確立しつつあった。

第6章　一〇〇年企業をめざして

日本での拡大均衡路線の失敗

海外では順調に成長が続く一方で、その頃の品川化工は再び苦境に陥っていた。リストラによる固定費削減によって、収支は一時的に安定を取り戻していた。しかし、営業力や技術対応力は、まだまだ不完全な状態にあった。二〇〇〇（平成一二）年をピークとして、収益は再び下落し始める。

金融危機に陥っていた日本経済も、その頃には落ち着きを取り戻しつつあったが、国内需要にかつてのような力強さはなかった。後に振り返ると、一九九七〜九八年が日本の塩化ビニル需要のピークであり、その後は下降線を描き続けていたことがわかる。

アジアなどの成長市場での経験はあるものの、経営のかじ取りを任せられていた佐々木は、縮小する環境下での経営ノウハウは持ち合わせていなかった。漸減を続ける市場でどのように事業を立て直してゆくのか……。眼前に大きな壁が立ちはだかった。

品川化工に足りていなかったのは、ユーザーとの関係を構築する営業力であった。売上が伸びず苦悩していたのは同業他社も同じで、その当時はそうした会社間で事業買収や事業統合をめぐり、さまざまな検討がなされた時期でもあった。それらの動きに伴い、同業他社を離職する人材も複数出てきていた。

サンエースは、他社を離職した営業員たちをあえて採用し、積極的な拡大策に打って出ることにした。

縮小均衡により一旦収支は合わせたものの、会社として存続してゆくためには、売上を増やしながら収支を均衡させてゆく必要があると考えた。二〇〇四（平成一六）年のことである。

いわば「拡大均衡路線」ともいえるこの方針は、販売単価を下げてでも、販売数量の拡大で一挙に売上を増やしていこうというものであった。

ベテランの営業員を採用したことにより、顧客へのコンタクトも広がり、その人脈を通して売上は増加し始める。

その一方、大幅な人員削減を行った工場では、入ってくる新規オーダーに対応する余裕がなくなっていた。そのため派遣社員を採用して受注に対応していたのだが、作業に不慣れであるために、次々と品質問題を引き起こしてしまう。

新規受注は入ってくるものの、新たなユーザーの要求に応える技術対応力も圧倒的に不足していた。化学メーカーでありながら、分析機器の種類も、数も足りず、また分析機器を適切に扱うノウハウにも欠けていた。

しかし、一旦、拡大均衡の旗印を掲げた以上は、簡単には引き返せない。

そのような混乱の中、二〇〇六（平成一八）年に、浅香《あさか》正能《ただよし》が入社してくる。浅香は、日本分析化学専門学校を卒業した後に、「タルク」と呼ばれる化学薬品やプラスチック、ゴムなどさまざまな業界で最も一般的に使用される添加剤、改質剤、充填剤などを扱う「タルク業界」を経て、自分の知見や技術をもっと活かしたいと思い、品川化工に転職してきたのだった。

実力に見合っていない量と質の受注をこなせずに、現場は混乱の只中にあった。売上高は増えていたものの、製品不良が続いたこともあって適正価格での販売がなされず、実質的に五年間も赤字を続けていた。

しかし、武器がなければ戦いは続けられない。

幸いにも海外事業が好調であったこともあり、この間も、技術試験機器を買い揃えつつ、それらの機器に対応できるよう技術要員を増やし、トレーニングを重ねていった。

浅香も、その一人だった。彼は、新たに導入された試験機器を駆使して、顧客要求を的確に理解できる体制を構築していった。

「本当に大変でした。忙しいときは月に残業が二〇〇時間を超えることはざらにありました。自宅にはシャワーを浴びて寝に帰るだけ、という感じでしたね」

浅香は、当時をそう振り返る。

浅香によると、当時の品川化工は技術スタッフの数が足りず、それぞれが自分の担当テーマにかかりきりで、お互いに情報交換などできない状態に陥っていた。そのような環境の中で、誰もが月一〇〇時間を超える残業をこなしていたという。

工場には、浅香にしか取り扱えない分析機器などもあった。彼は同僚たちの間を行き来して、自分にできる手助けを必死に続けていた。

必然的に、浅香の残業時間は増えていく。しかし、それは品川化工にとって、新しい会社の体制、新しい技術部につくり変えるために、必要なプロセスであったともいえる。その後、浅香が中心となり、技術部は互いに技術を高め合い、必要な情報共有ができる組織へと変わっていく。

赤字に陥って六年目の二〇〇八（平成二〇）年の夏。これ以上の損失を続けられない中で、サンエースは拡大均衡の方針を再度転換する。

縮小均衡か、拡大均衡か、といった単純化された議論を離れ、会社のあるべき姿とは何かを改めて見直した。その結果、顧客が望む、あるいはそれを超える水準の技術サービスの提供し、丁寧な価格交渉によって、適正価格での販売をめざしてゆくという、新たな方針を掲げたのである。海外ではすでに実践されていた「顧客へのソリューションの提供」というビジネスモデルが、創業の地である日本では確立できていなかったのである。

日本では伝統的に顧客の交渉力が強かった時代が長く、添加剤のサプライヤーが主体的に交渉を進められる場面はほぼなかった。このことが自分たちの機能と果たすべき役割、業界内での立ち位置を見えにくくしていた。

まずは顧客別に収益性を精査して、必要な値上げ交渉から始めた。当初の懸念に反して、この路線転換は多くのユーザーに受け入れられていった。業歴の長いベテランの営業マンたちにとっても、それは新鮮な驚きであった。

顧客が望んでいたのは、必ずしも安価品の提供だけではなかったのだ。顧客の求める技術要求に応えられる製品・ソリューションを提供し、適切な価格で販売してゆくことにより、国内での収益は徐々に回復軌道へと乗ってゆくこととなるのだった。

社名を品川化工からサンエースに変更

二〇一〇（平成二二）年、サンエースは創立七〇周年を迎えた。シンガポールに進出してから三〇周年でもあった。

この記念すべき年の二月末、突如オーストラリアのレイが亡くなった。夫人と海岸沿いをサイクリングしていた際、休憩に止まった直後のことだった。何の前触れもなく突然に倒れて、そのまま帰らぬ人となってしまった。持病もなく、健康であったレイの突然の死の知らせである。享年五八歳という若さであった。

マレーシア、サウジアラビア、南アフリカ、ドイツへと仕事を広げることができたのは、レイの技術的知見、経営者としての実務的合理性、そしてグループ内の誰をも虜《とりこ》にするユーモアに溢れる人間性にあったと言っても過言ではなかった。みんなが大きなショックを受けた。各地で開催されるグループ会議の際には、夕食のあとは決まって飲み会が開かれている。レイは必ずその場に最後まで残り、辛抱強くメンバーたちの議論に耳を傾けていた。普段は離れた拠点で仕事をする仲間たちの間に入り、その橋渡し役を担っていたのだ。

訃報を聞いた佐々木は、直ちにダイアンと合流してメルボルンに向かった。飛行機の待ち時間を使って、葬儀までに事業継続のために現地でやらなければならない事項を確認し、それぞれが手分けして当たることにした。

まずは創業当時からレイを支え、営業部長を務めていたイアン・リルジャ（Ian Lilja）と落ち合い、レイの後任に就くことを要請する。その後にレイが担当していた銀行手続きの変更や、さまざまな実務面での対応を行った。

葬儀は三日後に決まったが、シンガポールからはダニエルとケニーが、南アフリカからはギャリーが、サウジアラビアからはハムダンが弔問に駆け付けた。

不幸は重なり、その年の六月には、数年にわたり闘病生活を続けていた利昶が、癌で亡くなった。享年七一歳であった。

利昶は、会長職を辞して、相談役として山中湖で穏やかに隠居生活を送っていた。社長職を佐々木に譲った時点で耕次に勧められ、ログハウスを建て移り住んでいたのだ。

創業者の利夫を陰で支えることの多かった人生であったが、退職後はのんびりと余生を楽しんでほしいとの耕次の計らいであった。その年の三月の株主総会で、耕次は常務取締役に選任されていた。佐々木が社長を引き受ける際に利昶と約束した通り、

シンガポール法人の設立30周年記念パーティー。

耕次を次の社長として指名していく過程にあった。

息子の昇進を聞いて、利昶は安堵していたに違いない。

この年、創業七〇周年を期して、日本での会社名を品川化工株式会社から、株式会社サンエースへと変更した。

海外のグループ各社はサンエースを名乗っており、日本だけが創業時の社名を使ってきていた。しかし、どちらも創業者の利夫の命名であり、社名を統一しても差し支えはないと判断してのことだった。

その一二月にグループ役員会のタイミングに合わせて、シンガポールにおいて

化 学 工 業 日 報　2010年(平成22年) 9月27日(月曜日)

SUNACE

品川化工株式会社から「株式会社 サンエース」へ

私ども品川化工株式会社は、お陰様をもちまして今年で70周年を迎えることとなりました。また子会社でシンガポールにて海外事業を統括するサンエース・カコー（SUN ACE KAKOH PTE. LTD.）も今年で30周年を迎えます。目まぐるしく変化する昨今の環境におきまして、無事にこの日を迎えられたのは、ひとえに皆様のお引き立てのお陰であり、心より感謝申し上げます。

私どもと致しましては、今後もより一層の研鑽に努め、80年、100年、そして更にその先へと続いてゆく企業に成長させてゆくべく、従業員一同決意を新たにしているところであります。この思いを胸に刻み、これからもお客様、お取引先様に対しまして、仕事を通してこれまで以上にお役に立ちたいという思いを込めて、平成22年10月1日より社名を変更することと致しました。

新しい社名は「株式会社 サンエース」（英名:SUN ACE CORPORATION）と致します。私どもは現在9カ国、14拠点にて事業を展開しておりますが、海外市場では既にサンエースの名前にてビジネスを行ってきております。創業70周年を契機として国内市場に於いても社名・ロゴを統一して、新たな決意をもって今後の仕事に取り組んでゆきたいと考えております。

また弊社社名変更に合せて、平成22年10月1日より東京営業所を以下に記す住所に移転することに致しました。事務所の移転に伴い電話番号も変更となりますので、併せてお知らせ申し上げます。何卒今後ともより一層のご愛顧、ご指導のほどを宜しくお願い申し上げます。

SUNACE　株式会社 サンエース

【本　　　社】〒243-0303 神奈川県愛甲郡愛川町中津4058　TEL:046-285-0826　FAX:046-285-1703
【新・東京営業所】〒101-0047 東京都千代田区内神田1-5-13内神田TKビル　TEL:03-6273-7712　FAX:03-6273-7746

創立三〇周年、そして日本法人の創立七〇周年記念パーティーを、総勢三〇〇名の関係者を招いて執り行った。

チャールズもイギリスから駆けつけてくれた。前年には脳梗塞を患い引退したDr.タンが亡くなっている。チャールズの盟友であり、Dr.タンの親友でもあったインドネシアの代理店社長のソフィアンも、パーティーに駆けつけてくれた。インドネシア市場で、ソフィアンを通して拡販を始めたことが、サンエース成長の原点でもあった。

グループ経営を志した当時のメンバーからチャールズ、レイ、Dr.タンが抜け、新たにアリスター、ケニー、イアンが経営陣に加わっていた。

シンガポール進出からの三〇年だけを見ても、経営陣の顔ぶれの変化に隔世の感がある。創業からは七〇年の歳月が流れていた。

同族経営からの転換

二〇一二（平成二四）年、吉田耕次が、日本の株式会社サンエースの代表取締役社長に就任した。佐々木は代表取締役会長兼グループＣＥＯとなり、国内を耕次に任せ、自分はもっぱら海外の事業を担当することになった。

　耕次が社長に就任する直前に、生前に利夫が子供や孫に振り分けていた株式を集約することとなり、事業に直接携わる耕次と佐々木で引き取ることになった。

　佐々木は、耕次がオーナーで、自分は経営陣との橋渡し役、あるいはバランサーのような立場であるべきだと考えていた。特に明確な基準があるわけではないものの、株式の保有比率は二対一程度の割合が妥当だろうと提案し、その割合で分散していた株式を買い集めていった。

　二〇一九（令和元）年には、三菱商事が保有するサンエース・シンガポールの株式二〇％の買い取り要請の話が持ち上がった。保有する取引先の株式（政策保有株）を売却するという社の方針に基づいた要請であった。

　二〇年前に品川化工の経営危機を救ってくれたことに感謝しつつ、サンエースは二〇％の株式を買い戻した。これによりサンエースの日本法人は、海外のグループ法人株式の七四％の所有権を回復することになった。

　ちょうどその年に、オーストラリアではレイが亡くなった後を引き継いでいたイアンが引退している。レイ亡き後も、イアンは安定的に高収益を維持し続けていた。レイの

サンエースオーストラリア20周年。

ブラジルSun Ace Brasil Industria Quimica e Comercio Ltdaの工場。

後継者として、グループ内での技術も統括しており、月次レポートの取りまとめや年次グループ技術会議を主宰してきていた。

オーストラリアの社長には、塗料業界から転職してきた、マイケル・ピアース（Michael Pearce）が就任した。イアンが担ってきたグループの技術を取りまとめる役割は、レイの時代から現地で技術開発に携わってきたジョン・チャン（John Chan）が引き継ぐこととなった。

耕次が社長に就任してからも、日本を含めグループは成長を続け、地理的にも規模的にも広がりつつあった。

その中で、耕次は同族による事業の継承を続けていくことに、難しさを感じ始めていた。二〇二一（令和三）年の春先のことである。

耕次は、自分の保有する株式を売却したいと佐々木に申し入れた。社長の職を辞したいと言うのである。

「会社がきちんと収益を上げられるようになり、組織としても機能するようになってきました。もう、この会社で自分の果たす役目は終わったと感じていました。もともと苦境に陥っていた会社の経営を担う父を、家族として放っておくわけにはいかない、と思ったのが入社した動機でしたから……。佐々木からも『やりたいことが見つかったら話してほしい』と言われていて、それが見つかったことが直接のきっかけになりました」

耕次は、そう話すのだった。

創業者である吉田利夫、利昶、耕次とバトンを繋いできた会社であったが、すでに展開している事業は一二カ国二〇拠点に広がっていた。株式の相続も含めて、同族による事業承継を続けてゆくには、ハードルが高くなっていたことは確かであった。

この耕次の申し出は、サンエースが同族経営から脱皮する最良の機会であったのかもしれない。

社内で討議を積み重ねた結果、創業家以外のメンバーを含めて、耕次から株式を引き取ってゆくことが決まった。周囲には株式上場を勧める声もあり、また複数のファンドなどからの事業買収のアプローチもあった。しかしマーケットや特定の株主の意向に左右されることなく、グループを作り上げてきた経営陣が、自律的に運営してゆく形を維持してゆくことが理想であると思われた。

最終的に株式については、一旦は佐々木が耕次から持ち株の過半を引き受けることとした。同時に国内外の役員による持株会を設立し、耕次から残りの株式を引き継いだ。佐々木の持つ過半数の株式は、段階的に持株会に贈与していくことにした。最終的には、株式の八割を持株会が所有するという設計である。

持株会の理事長には、管理部長の梅津俊輔が就任した。四三歳と国内では最年少の幹部である梅津は、大学卒業後に、システムエンジニアを経て、サンエースに入社している。年齢は若いものの優れたバランス感覚を有し、持株会を通して株主となった国内外のベテランスタッフたちの意見を取りまとめてゆく役割を期待されての理事長就任であった。今後は会社で働く者たちが、自律的にその所有と運営を担っていくわけである。直面する課題は多々出てくるだろうが、サンエースにとっては理想的な形であるように思われた。

佐々木の母を含め、利夫と正子の子どもである叔母たちは、全員がその方針に心から賛同してくれた。創業者の利夫も、必ず賛成してくれるはずだと太鼓判を押してくれた。そして、二〇二二（令和四）年春、佐々木と持株会がサンエースの株式の大半を所有し、新たな船出を迎えたのである。

耕次は、社長職を降り、自分の趣味の世界で別の事業を始め、佐々木は会長と社長を兼務することになった。

翌二〇二三(令和五年)四月、サンエースの顧客でもある信越ポリマーから転職してきた小松雅宏が社長に就任する。小松は信越ポリマー時代に、購買マネージャーとして佐々木とケニーとともに、インド市場を訪れている。

小松がサンエースに関心を持ったのは、グループ各社との関係の在り方が、新鮮で魅力的に見えたからだという。

「まず驚いたのは海外拠点に日本からの駐在員がいないことでした。日本企業であって日本企業ではない、不思議な感覚です。それぞれの会社が自律的に、現地の人たちで運営されている。まさに地域密着です。しかしバラ

神奈川県愛甲郡愛川町中津にある日本法人の本社。

バラなのではなく、グループとして同じ方向を向いている。そんな組織を見たことがなかったので、大きな可能性と魅力を感じました」

国内では創業家以外からの初めての社長就任であった。小松が国内の事業運営を担う中、佐々木は再び海外での仕事に軸足を置くようになる。

グローバル市場で勝ち抜いてきた理由

佐々木は、小さな会社であったサンエースが、世界各地で仕事を展開できるようになったのは、市場ごとに異なる技術要求にタイムリーに応えることができたからだと考えている。

これをサンエースでは、「カスタマー・インターフェイス・マネジメント（Customer Interface Management）」と呼んでいる。サンエースが持つ強みの本質は、顧客ニーズに応えるために各地に設置された試験設備と、それを運用して必要なソリューションを提供できるスタッフの力量と技術力にある、と佐々木は言い切る。

それを担保しているのは、世界各地のメンバーたちが長年にわたり築き上げてきた信頼関係だ。

一九九三（平成五）年にシンガポールのセントーサ島で七人が話し合って策定したビジョンに従い、グローバルな多文化企業をめざしていたサンエースは、ピラミッド型ではない、ユニークなマトリックス型の組織を築き上げていた。

現在は、シンガポールのケニーがグループの社長を務め、グループ全体の機能ごとに、例えば「財務」はシンガポールのダイアンが、「事業開発」は南アフリカのアリスターが、「技術」はオーストラリアのジョンがそれぞれを統括し、各拠点の担当者と連携を取りながら、全体の横串を通すという形を採っている。

各部門の責任者は、必要があれば佐々木やケニーに相談もするし、実際に二人は頻繁に各地の現場にも赴く。新しい合弁事業や工場建設や買収案件など大きな事案が生じたときには、案件ごとに世界各地から専門家を集め、プロジェクトチームを編成し対応してゆく。

既存事業分野と子会社の管理はケニーが、新規事業分野と合弁会社は佐々木が担当することとして、北出を含めた役員たちが相互に話し合いながら、組織全体の運営を担っている。

サンエースの組織は、それぞれの責任者の下で互いに連携し、柔軟、かつスピーディーに事に当たっていく。有機的なダイナミズムを持つ、フラットなネットワークなのである。まさにそれは、セントーサ島で採択されたビジョンの「多文化のチームワークとパートナーシップ」そのものの体現である。

四半期ごとに、グループ経営に携わるメンバーが集まり、全体の経営会議、部門別のグループ会議などが行われる。全体の経営方針は、それらの会議で決定される。全ての会議体は英語で運営され、誰もが職責、役職にかかわらず、率直に意見を述べることが求められる。そして、その議論の過程は、可能な限り透明にして、グループ全体に共有される。

情報や意見を共有する方法は、サンエースの強みの一つだといえる。

近年では、こうしたグループ内での技術の共有だけではなく、パートナーが持つ技術の水平展開も始めている。

例えば中国パートナーのコアビジネスである浮遊選鉱剤を、アフリカにも広げてゆくことになり、二〇二一（令和三）年に南アフリカのダーバンに、J・ウォーレン・サンエース（J.WARREN SUN ACE PTY. LTD.）を合弁事業として設立した。アフリカ各地に広がるさまざまな鉱山をターゲットとして、新たな事業展開を始めてゆこうとしているのだ。

また、その年には、コロンビアのＰＱ社が持つ塗料添加剤の技術を、サウジアラビアに移転して、中東市場をターゲットに新たにパイロットプラントを設立している。数年後には本格的なプラントを立ち上げる計画を進めている。

新たな事業の模索

耕次の退任と持株会の設立によって、サンエースは実質的に同族経営からの転換を遂げつつある。

しかし、残念ながら国内の塩ビの市場は、縮小が続いている。発展途上の国々ではインフラ整備のために需要はまだ伸びていくだろうが、先進国、中でも日本では縮小のペースが著しい。グループ経営を担う立場の北出は、その要因を日本は他の先進国よりも塩ビが環境に与えるマイナスの影響を過剰に心配し過ぎているからではないか、と指摘する。

そうした不安を解消し、他の先進国並みの塩ビ需要にまで回復させてゆくには、塩ビのリサイクルシステムを構築していくことも必要だ。残念ながら、そういった機運は足下ではまだまだ小さい。そのような事業環境ながら、サンエースであれば新しい突破口が見つけられるのではないか……新しく参加したメンバーたちは、そのような期待感を持って入社してきている。

これまでサンエースを支えてきたのは、塩ビ安定剤と金属石鹸の二本柱だった。その二つをさらに大きく育てながら、新たな事業を確立しようと、さまざまな模索が続けられている。

現在、三本目の柱になると期待されているのが、塩ビ安定剤や金属石鹸で培ってきた技術をベースに開発した「ＬＯＰシリーズ」と名づけられた製品群である。

当初は樹脂加工分野、例えばＥＶ（電気自動車）や建築分野にて、伝統的な素材である金属を代替することが可能な技術として開発された。プラスチックにさまざまなフィラー（タルク、セリサイト、炭酸カルシウム、セルロース、ガラスファイバーなど）を高充填することで、物理的な強度や物性を高めることが可能となることは知られている。しかしこれらのフィラーを混合、分散させるのは容易ではない。

しかしLOPの技術を使えば、これまで混ぜることができない、分散しないと考えられていた素材同士を、均一に混合・分散させ、成形が難しかった材料でも、加工が可能となるとわかってきたのである。

またこの技術を使うことにより、ユーザーが直面していた加工性や生産性の問題、成型時に発生する目ヤニの低減、良品率の向上などにも貢献することが確認されてきている。

またこの技術を活用することによって、淹れ終わったコーヒー豆や卵殻、貝殻など、それまでは使い道がなく廃棄されていた素材も、リサイクル品として活用できる可能性も出てきている。これらの素材を粉砕して粉にした上で、LOPやその処理技術を用いて樹脂と混合すれば、成型することが可能となるのだ。サステナブルな視点で発想すれば、それらをフラワーポットや道路の敷石など、さまざまな製品に活用することが可能となる。

この他にも、顔料、化粧品など、さまざまな無機物の粒子間の滑性、分散性向上にも実績が出ており、多岐にわたる分野への応用の可能性も期待されるという。

二〇二三（令和五）年一一月に幕張メッセで開かれた「国際プラスチックフェア（IPF

Japan 2023)」に、サンエースは「ＬＯＰシリーズ」をメインにしたブースを出展した。ブースでは、この技術を使って卵殻を粉砕した粉で成形した小さな白いクマが並べられ、来場者たちに人気を博していた。

グループの中で、日本拠点の売上規模は一割ほどであり、決して大きくはない。またグループの中で日本は、唯一大規模な人員削減（リストラ）を経験した拠点でもある。現在の経営陣やスタッフの中にも、この苦しい時期を経験してきた者たちが数多く残っている。あのときの辛い記憶は、ベテラン社員たちの中にはまだ鮮明に残っているのだ。塩ビ産業の衰退とともに、会社自体が消えてゆくのではないか……と、不安に感じる時期もあったはずである。

しかし二〇〇八（平成二〇）年の方針転換以降、それまで低迷し不安定であった業績は好転し始め、参入する事業分野ではリーディングカンパニーへと生まれ変わりつつある。価値ある製品を提供し続けるとの姿勢が、ユーザー各社から評価された結果、売上も順調に伸び続け、国内業界では唯一マーケットシェアを伸ばし続ける存在となった。世界中の産業において、事業の取捨選択が一般化する中で、昨今では日本の添加剤業界でも、事業撤退を表明するメーカーが少なくない。

そのような環境にあっても、地道に粘り強く事業の拡大をめざし続けた結果、安定剤と金属石鹸の事業分野とともに、いまだに成長を継続しているのだ。

その実績がしっかりと足下の収益を支える中で、LOPをはじめとする新たな技術開発が可能となり、新分野への本格的事業参入の道筋が見え始めている。開発現場での様子は、職位の上下に関係なく熱い議論が交わされている。まるでベンチャー企業のような熱気を帯びているという。

またこうした新技術の開発は、国内市場のみならず、世界的な大企業を顧客とするグループ各社からも大いに注目されている。浅香やその部下たちがグループ技術会議で発表する内容に対しては、同僚の技術者たちが毎回真剣に耳を傾けている。技術開発の牽引役としての日本への期待は高まっており、将来に向けてその役割はますます重要になっているといえるだろう。

多文化にまたがるパートナーシップ

サンエースの特徴の一つとして、事業拡大の手法として事業買収や合弁事業を多く採用していることが挙げられる。一九九〇（平成二）年のオーストラリアでの買収を皮切りに、南アフリカ、中東、中国、ドイツ、コロンビアへの進出は、すべて外部のリソースを活用した展開である。

また佐々木が一九九七（平成九）年にシンガポールから帰国して以来、海外に常駐する日本人マネージャーがゼロである点も、日本企業としては珍しいといえる。シンガポール進出当初には、駐在員と出張者を含めて常に五名前後の日本人が勤務していたことを考えると、その後の展開は興味深い。

日本国内の多くの取引先は、その規模の大小を問わず「どのように海外事業のリスクを管理しているのか」「日本人を駐在させずにグリップをきかせた管理が可能であるのか」「各拠点に日本語を話せるスタッフがいるのか」などの質問を、サンエースのスタッフに投げかけることが多いという。

日本では従業員数わずか七〇名程度の会社が、なぜ海外売上比率が九割の事業を展開できるのか、どのように世界各地での財務リスクを管理し、品質を維持し、売上を伸ばし、技術流出を防ぎ、従業員の不正を監視することができるのか、不思議に思われているのだ。

これらの質問の背景には、海外では「言葉が通じない」「日本の常識や慣習が通用しない」「不利な取引条件を押しつけられるのではないか」「外国人は信用できない」といった、漠然とした〝知らない世界への不安〟があるのかもしれない。

しかし、これは何も日本企業に限った話ではなく、どの国の企業でも、自国や共通の文化圏から離れた地域に事業を広げようとするときに、同じように直面する課題ともいえる。企業やその経営者、マネージャーたちのマインドセットの問題なのである。

サンエースの事業拡大のプロセスを追ってゆくと、幾つかの特徴的な点があることに気づく。

①現地市場への深い理解と適応

まずは現地市場への深い理解が特徴的だ。サンエースでは、進出当初の時期を除き、日本人（自前の人材）だけでビジネスを管理することへのこだわりが見られない。多様な人材を積極的に登用することにより、進出先の市場ニーズ、文化、ユーザーの価値観をよく理解し、それに基づいた製品とサービスを提供することを優先している。ハムダンが指摘するように、地域の文化に配慮したマーケティング戦略を展開することで、顧客からの信頼を得やすくなっている様子がうかがえる。そのためには日本の給与体系に縛られない、柔軟な報酬体系の設計も不可欠である。

②ローカルパートナーとの協力関係

ビジョンにもうたわれている「ローカルパートナーとの協力関係」が強固な点も、サンエースの大きな特徴である。現地でのネットワーク構築や、市場理解を深めるために、地元のパートナー企業と協力することは、メリットが大きい。法規制の違いや、市場慣習、労務対応もスムーズとなり、スピード感を持った事業展開が可能となるのだ。一方で、合弁事業の設立に際しては、必ず〝コントロール＝主導権〟が問題となってくる。どちらが最終意思決定権を持つか、についての議論だ。この点についてのサンエースのアプローチはユニークである。

経営資源が限定的である自社の現状を踏まえた上で、新たな市場に進出する際に、パートナーをコントロールしようとは考えないのだ。仮に過半数をパートナーが握っていても、独自では事業展開できない文化圏や地域で成功することができれば、そのリターンは確実に得られるという発想だ。仮に一〇〇％の株式を所有したとしても、その地域の事業を成功させることができなければ、元も子もない。まことに合理的な考え方であるといえよう。必要なのはコントロールではなく、相互の信頼関係に基づいた〝協業〟なのだ。

③柔軟な経営方針と意思決定のスピード

変化の激しい市場環境や地域ごとの異なる商習慣に対応するためには、柔軟な経営姿勢は不可欠な要素である。全社で基本的な価値観を共有することは重要だが、本社が下した方針に縛られ、市場の変動に応じた戦略を速やかに実践できなければ、せっかくのビジネスチャンスを失ってしまう。

社内階層の複雑さも、意思決定のスピードに大きく影響を与えるかもしれない。M＆A（企業買収）の際には、スピード感の差は顕著に表れる。

その点、サンエースの意思決定過程は極めてシンプルだ。それぞれの案件の担当者が、問題やビジネスチャンスに遭遇した際は、その旨を拠点長、そして案件に応じては機能別責任者に報告し、それが佐々木やケニーを含む役員たちの間で直ちに共有される。メール、SNS、ウェブ会議などを通した議論が行われ、ほとんどの案件では数日以内に結論が出されている。買収案件などの場合には、慎重に充分な検討時間が費やされるものの、材料が出揃った時点で、必要な判断が遅滞なく下されている。

④多様性を重視した組織文化

ビジョンにうたわれているサンエースの大きな特徴の一つだ。従業員の多様性を重視し、異文化理解や多様な視点を生かせる組織づくりに注力してきている。多様性のあるチームは、国際市場での洞察力を高め、適応力が強化されるため、新しい市場での成功につながりやすい。サンエースの国際化の歴史は、まさしく多様性そのものを体現しているといって差し支えないであろう。

⑤強固なブランドと信頼の構築

ブランディングの必要性は大企業に限った話ではない。中規模メーカーであるサンエースの認知度は、進出して日の浅い市場では決して高くはない。しかし、一定年数以上その国や地域を代表する企業との取引が続いている市場では、サンエースとその製品は、信頼されるブランドとして扱われている。製品の品質やサービスの高さ、また多くのケースでは企業の透明性や社会的責任が評価されている。

現地社会に対して責任ある行動をとることで、顧客からの信頼を得られているといえるだろう。それらの信頼を担保しているのは、会社を代表して顧客に接する従業員一人ひとりの行動と、人となり

左から セルジオ・エチベッリ、アリスター・カルダー、ハムダン・アル・ハムダン。

である。離職率が低いサンエースでは、従業員のエンゲージメントの度合いが高く、それが会社としてのブランドと信頼の構築に寄与しているといえよう。

⑥高いリスク管理能力

各地域での事業を展開してゆく上で、死活的に重要なポイントとなる。当然ながら日常的な管理を司るのは人とシステムである。特に人の面に関しては、相互の信頼関係が築けていなければ、安心して管理を任せることはできない。それは人種・国籍・性別の問題ではなく、個別の人格と能力の問題であるはずだ。また突発的なリスクへの対応も重要となってくる。ダイアンがあげたアジア通貨危機や、近年ではパンデミックへの対応にも、効率的で効果的な危機管理が実践されている様子が見てとれる。

サンエースの各拠点は、従業員数が三〇名から一二〇名程度の組織で、比較的小回りが利きやすい規模であることも、柔軟性やスピード感ある判断を可能としているかもしれない。

しかし、その程度の人数の組織であっても、日常的にさまざまな課題や問題に直面することに変わりはない。特に組織・体制・人事が大きく変わる際には、しばしば混乱が生じている。

重要なのは問題が生じたときに、拠点の責任者がいかに迅速に問題の本質を理解し、素早く修正できるかにある。そのためには拠点長が実務全般に精通していることが不可欠であり、自らの専門以外の問題に対しても、周囲や専門家を巻き込んだ上で、的確な判断を下してゆくことが重要となってくる。

サンエースの各拠点の責任者たちは、化学工学、機械工学、財務、経済など、それぞれに異なるバックグラウンドを持つリーダーたちである。それぞれがグループ会議の場などを通して互いの経験を共有し合うことで、経営力の研鑽を重ねているのだ。

問題に直面した際の修正能力の高さこそが、組織の安定的な発展には不可欠だと、サンエースの幹部たちは口を揃える。

サンエースマレーシア30周年。

さらなる発展を目指して

二〇二四（令和六）年一一月、グループ経営会議のメンバーたちは、シンガポールに集まった。三〇年前に策定された経営理念の議論に参加していたメンバーは、その多くが入れ替わっていた。

佐々木、ケニー、ダイアン、アリスター、ハムダンに加え、新たに日本から北出、南アフリカからテレンス、オーストラリアからはマイケル、そして梅津やカイオをはじめ、次世代を担う人材として各地から招集された若手の幹部候補が参加していた。

三〇年の時を経て、自分たちの価値基準をどのように見直してゆくのか、新たなメンバーが加わり、真剣な議論が交わされた。

サンエースの仕事の進め方と事業領域を定義したビジョンは、三〇年前のものを継承することが合意された。

一方でミッションに関しては、創業者の理念をより明確に打ち出し、自分たちが大切に思っていることを、そのまま言葉に表すこととした。活発な議論の結果、次のステートメントが採択された。


【ミッション】

私たちは、世のため人のために、不断の努力を続けてゆく。

共に働く仲間たちこそが、私たちの最大の強みである。

私たちは、質が高く、革新的で持続可能なソリューションを、世の中に提供し続けてゆく。

【MISSION】
We strive to make the world a better place.

Our people are our greatest strength.
We aspire to provide society with Quality, Innovative & Sustainable Solutions.

「事業を通して天下国家に尽くしたい」

東北の田舎から熱い志を胸に上京してきた青年が興した会社は、八五年の時を経て世界二一拠点で事業を展開するに至っている。その成長はこれからも続いてゆくであろう。

文化や宗教の違いを乗り越えて、各地での仲間との出会いを通して、辛苦を共にしながら、新たな仕事を作り上げてゆく……。

異なる価値観を持つ者同士であっても、議論を通して理解を深め、信頼関係を築いてゆくことはできる。仕事を広げてゆく喜びを通して、さらに世界中の多くの仲間との繋がりを広めてゆく。

「世のため、人のために尽くす」が口癖であった創業者・吉田利夫の想いは、世代を超えて受け継がれつつある。


価値観や主張の違いによる対立、分断、争いが広がる今日の世界にあって、サンエースのビジネスの在りようは、世界が進むべき方向にある種のヒントを示しているのかもしれない。

マレーシア三〇周年記念

Is this our weakness?

No, this is our strength.

Diversity, mutual respect, and our ability to work together with differences are the key strength of our company. This is what has built Sun Ace today. This is what my colleagues and I have been cherishing over the years. I hope our younger colleagues embrace this spirit and pass it on to the next generations."

Ryo Sasaki speech Sun Ace Malaysia 30th Anniversary

Sun Ace Malaysia 30th Anniversary Message

"My grandfather founded Sun Ace eighty-three years ago. He was a man with a great vision. He passed away in April 1993 at the same time as commissioning of the Sun Ace Malaysia plant. Though he did not have a chance to see our plant, I am sure he would have been proud of our achievement.

Today we are operating in twelve countries at twenty-one locations with people from thirty countries. Though our business originated in Japan, our company consists of Multi-Cultural Team members whom you can see in this room tonight.

We are from diverse cultures and backgrounds. During our work, our opinions are often not the same. I tend to make my judgement based on my own experience and common sense. But my common sense may not be the same as yours, hers & his. So, we must put time and effort to understand each other to reach a logical & amicable consensus. It is not always a straightforward process.

西暦	出来事
1940	当社の前身である「大和産業株式会社」が発足
1948	品川工場設立　「品川化工」へ社名変更特殊ガラス・顔料・塗料の原料として酸化鉛の製造開始
1950	大井工場設立　塩化ビニル安定剤の製造開始
1959	川崎工場設立　金属石鹸の製造開始
1963	国内3工場を統合して神奈川県内陸工業団地（現本社所在地）へ集約移転
1980	シンガポール工場設立
1991	オーストラリア工場設立　グレートン社（GRAETON）の安定剤事業を買収
1993	マレーシア工場設立
1996	南アフリカにて技術サービス・製品販売を目的として現地法人を設立
2000	インド・中国上海にて駐在員事務所設立　サウジアラビア工場設立
2002	オーストラリアにてオーストラリアにて米フェロー（FERRO CORPORATION）より添加剤事業を買収
2003	南アフリカ工場設立
2004	独コグニス社（COGNIS）より安定剤事業を買収　中国広州にて駐在員事務所設立

2006	シンガポールに液状複合安定剤工場を新設
2007	南アフリカ工場を増設移転日本の本社新社屋・技術棟竣工
2008	中国工場設立　TGA・2-EHTGの生産開始
2009	中国工場にて錫安定剤の生産開始
2010	創業70周年を契機に「株式会社サンエース」へ社名変更　東京営業所移転
2013	ブラジル工場設立　ケニアに事務所を設立
2014	コロンビアPQ社に出資
2017	インドに現地法人設立　地元市場向けに在庫販売を開始　マレーシアにて第2工場設立
2018	中国工場にてCa-Zn安定剤生産開始　中国工場にてTGA・2-EHTG・錫安定剤生産能力増強
2020	コロンビアPQ社への出資比率を50%に引き上げ　Barranquillaに工場用地を取得 第2工場建設開始　南アフリカ工場にてCa-Zn安定剤の生産能力増強
2021	サウジアラビアにてペイントドライヤー　パイロットプラント竣工 南アにて浮遊選鉱剤の合弁事業(JW Sun Ace)を設立
2022	コロンビアBarranquilla保税区にてSun Ace PQ第2工場竣工

謝辞

会社の歴史を残しておくことを同僚から促されたのは、一〇年ほど前のことであったと記憶している。

「自分たちは創業者を直接知らない。折々に耳にするあなたの言葉を通して、私たちは創業者の人となりや、会社の歴史を知ることができる。ぜひそれが次の世代にも伝わるように、文章や写真を残しておいてほしい」

という趣旨であった。

日々の多忙さを言い訳にして、私は具体的な作業に入ることを先延ばしにしてきた。作業に着手する転機となったのは、二〇二三（令和五）年にマレーシアで開催された工場創立三〇周年の記念式典であった。その会場では、創立以来の写真がコラージュされ、スクリーンに投影されていた。マレーシア工場の建設に奔走していたことは、自分の中ではついこの間の出来事のように感じていた。しかし確実に三〇年の時は流れていたのだ。その会場にいたほとんどの社員たちにとって、三〇年前の写真を目にするのは初めての経験であった。

祖父でもある創業者の歴史をまとめるのは、多くの時間を過ごした私が適任であるのは間違いなかった。マレーシアの式典からの帰国後、母や叔母、叔父たちから本格的に聞き取りを始める。社史の執筆と編集はダイヤモンド・ビジネス企画にお願いすることにした。

退職されたOBの方々、社内にいるベテラン社員の皆さんにもお声がけして、取材や写真の提供にご協力いただいた。また叔母である惇子、誠子とともに、利夫の生家である宮城県の東海亭にもお邪魔した。利夫の甥にあたる吉田健氏、康氏のご兄弟にお目にかかり、当時の話を伺うとともに、貴重な写真も提供いただいた。この場を借りて御礼申し上げたい。

社史を作ろうと重い腰を上げたときには、手元には惇子が書き記した簡単なメモ書きがあるだけだった。これを頼りに、祖父が私に語ってくれたことを思い出しながら書き起こし、時系列に並べてゆく作業を繰り返していった。

「世のため、人のために尽くす」「天下国家を想う」など、利夫の口癖であったこれらの言葉の一つひとつは、私の中にまだありありと鮮明に残っている。入社以来、四〇年近い時間を利夫の会社で過ごしてきた私にも、創業者・経営者としての彼の想いや情熱を、今回の作業を通して改めて辿ることができたと感じている。母の浩子は、最初に上がってきた原稿から目を通し、新たなエピソードを追加し、細かく加筆・修正のアドバイスを与えてくれた。半年以上にわたり推敲作業に付き合ってくれた母が、本書の完成を待たずに亡くなったことは残念であるが、最後まで明確で精緻な記憶を提供してくれたことが、物語に奥行きを与えてくれたように感じる。

利夫が亡くなった後の経緯については、多くの同僚たちが、それぞれの視点からのサンエースの歴史を語ってくれた。

今回の作業を通して歴史を振り返る中で、私たちの会社が持つ価値基準の成り立ちを、改めて確認することができたと感じる。それは突然生まれたわけでも、どこからか借りてきたものでもなく、確実に創業者の強固な意志と理念、そして先人たちのたゆまぬ努力の結果を反映したものであったのだ。

「私たちは、世のため人のために、不断の努力を続けてゆく」

「共に働く仲間たちこそが、私たちの最大の強みである」

ミッションに謳われているこれらの言葉は、まさしく利夫の意思そのものであった。

吉田利夫により創業されたサンエースは、これからは従業員がその所有権を持ち、自律的に運営してゆく会社に移ってゆく過程にある。私たちの会社は地理的にも広がり、参入する分野も拡大を続けようとしている。一緒に働く仲間たちは、これからも世界で増え続けてゆくであろう。次の世代がサンエースの経営を担ってゆくときに、この物語がその一助となることを願っている。また私企業である私たちの物語が、日本企業で働く方々にとって、何らかのヒントを提供できているとすれば望外の幸せである。

株式会社サンエース　代表取締役会長　佐々木 亮

SUNACE

SUN ACE Group Profile

創業1940年の特殊化学品・添加剤メーカー。主に樹脂、塗料、パーソナルケア、食品用途向けの添加剤の製造販売を手掛ける。

世界12カ国（アジア、オセアニア、中東、アフリカ、ヨーロッパ、南米）に製造拠点14カ所、営業拠点6カ所を構え、グループ全体の売上規模は500億円。社員数は30カ国籍からなる700名。

多文化経営を標榜し、グループ全体のマネジメント・メンバーは8カ国籍10名の役員（日本人2名）で構成されている。日本創業の企業であるものの、海外に常駐する日本人はゼロ。世界各地への事業展開を広げてゆく過程では、合弁事業やM＆Aなどの手法を多用しており、案件ごとにグループ内の各国から専門家が集められプロジェクトチームを編成して対応。

また一般的な本社機能は持たずに、各地の拠点の管理者（社長、総支配人）と並び、財務、技術、生産、管理、事業開発などの機能ごとに責任者が任命され、グループ横断的に統括管理を行う「マトリックス型組織」を採用。

【著者】
岡田晴彦（おかだ・はるひこ）
1959年東京生まれ。1985年株式会社流行通信入社。『X-MEN』『流行通信homme』を担当。1995年同社退社後はフリーの編集者として雑誌・書籍の制作に参加するとともにアパレル・ブランドや一般企業の広告を制作。2000年株式会社ダイヤモンド・セールス編集企画（現・ダイヤモンド・ビジネス企画）に入社、『ダイヤモンド・セールスマネジャー』『ダイヤモンド・ビジョナリー』編集長を経て、2007年取締役、2023年代表取締役社長に就任。
「ビジネスの現場にこそ、社会と人間の真実がある」がモットー。これまでに100冊以上のビジネス書・ビジネス誌の編集を手掛ける。著書に『絆の翼　チームだから強い、ANAのスゴさの秘密』（2007年）、『テクノアメニティ』（2012年）、『陸に上がった日立造船』（2013年）、『復活を使命にした経営者』（2013年）、『ワンカップ大関は、なぜ、トップを走り続けることができるのか？』（共著・2014 年）、『サラリーマンショコラティエ』（2018年）など全15冊がある。

すべては一人から始まった
威張るべからず、焦るべからず

2025年3月25日　第一刷発行

著者 ―――――― 岡田晴彦

発行 ―――――― ダイヤモンド・ビジネス企画
〒150-0002
東京都渋谷区渋谷1丁目6-10 渋谷Qビル3階
https://www.diamond-biz.co.jp/
電話 03-6743-0665（代表）

発売 ―――――― ダイヤモンド社
〒150-8409
東京都渋谷区神宮前6-12-17
https://www.diamond.co.jp/
電話 03-5778-7240（販売）

装丁 ―――――― いとうくにえ
本文デザイン・DTP ――― オーウエイヴ
印刷・製本 ―――― シナノパブリッシングプレス

ISBN 978-4-478-08519-6